KB254120

칫솔을 삼킨 여자

칫솔을 삼킨 여자

칫솔을 삼킨 여자

롭 마이어스 지음 | 진선미 옮김

의학은 대부분 관행적이다. 환자들이 표현하는 임상 증상들은 예측 가능한 어떤 형태이며, 노련한 의사들은 이를 즉시 찾아낸다. 물론 어떤 것에는 다른 것보다 더 많은 관심이 갈 수 있지만 지금 나타나는 의학적인 증상은 전에도 보았던 경우가 대부분이다.

이 책은 아주 예외적인 질환을 가졌던 환자들에 대한 이야기로 거의 모든 분야의 의사들이 관련된다. 여기에 실린 이야기들은 흔히 들을 수 없고 때로는 매우 비극적이며 어쩌면 믿기지 않을 수도 있다. 현대의학은 99.9퍼센트가 예측 가능한데, 이 책은 그 나머지 0.1퍼센트를 다룬다.

나는 어릴 때부터 이상하지만 분명히 사실인 세계에 관심이 많았다. 어렸을 때 우리 집 욕실의 변기 옆에는 《리플리의 믿거나 말거나》라는 낡은 책이 항상 놓여 있었다. 《플레이보이》 잡지에 손을 대기 전까지 거의 10년 동안 나는 변기에 엉덩이가 눌려서 저려올 때까지 리플리 잡지를 읽곤 했다. 의사가 된 후에는 의학 잡지도 이와 비슷한 흥미를 가지고 읽었는데, 그러다가 칫솔을 삼켜서 식도에 걸린 여성의 이야기를 접하게 되었다. 이 이야기의 결론을 읽고 난 후 나는 이렇게 이상한 이야기들을 모으면 의학적 만물상이 될 것이라는 생각을 하게 되었다.

이 책에 실린 의학 사례들은 가상이 아니라 모두 실제로 일어났던 이야기이다. 일부는 동료 의사들과의 대화 내용을 바탕으로 했지만, 대부분은 권위 있는 의학잡지들에 실린 내용들에서 사례를 얻었다. 편의상 등장하는 사람들의 이름은 바꿨으며, 실제 의학적 데이터를 DNA처럼 골격으로 사용하고 여기에 살을 붙여 이야기를 만들었다. 이와 같은 사건들이 세계의 다른 사람들에게 영향을 줄 가능성은 수십억 분의 1에 불과하다. 이 책을 펼치면 모든 질환이 의학 교과서대로만 나타나는 것이 아님을 금방 알게 될 것이다.

차 례

차 례

젊은 여성의 위 속에 들어 있는 178개의 콘돔

스물다섯 살의 젊은 여성이 비행기 안에서 쓰러져 병원으로 실려 왔다. 그녀는 에콰도르에서 뉴욕의 자기 집으로 오던 중이었다. 비행기가 날고 있을 때 갑자기 일어난 그녀는 다른 승객을 헤집고 지나와서 카펫이 깔린 통로에 넘어졌다. 그리고는 떼굴떼굴 구르면서 아프다고 비명을 질렀다. 그 비행기에는 의사가 타고 있었지만 사체를 부검할 때 외에는 도움이 되지 않을 의사였다(병리과 의사였다). 그래도 그 의사는 의과대학 때 배웠던 기억을 되살려 여성이 토한 음식물을 흡입하지 않도록 자세를 돌려주었다.

비행기 뒷부분으로 여성을 옮기고 좌석 세 개를 펼쳐서 눕혔다. 그녀가 비명을 지르며 발버둥을 쳤기 때문에 묶어두어야 했다. 기장은 비행기를 가까운 댈러스 공항으로 돌렸다. 그로부터 15분 동안 그녀의 복통은 점점 더 심해졌다. 행동도 점차 이상하게 변했다. 그녀는 "욕실로 데려다줘요."라고 소리 질렀다.

곱게 생긴 할머니 한 분이 이 상태를 심리적 변비 때문이라 생각하고 자신이 가지고 있던 미네랄 오일을 그녀에게 주었다. "설사를 하면 좋아질 거예요, 자 이걸 먹어요." 그 여성은 의식이 오락가락했다. 그때 비행기가 공항에 착륙하여 그녀는 출입문으로 옮겨졌으며 상태는 매우 악화되었다. 대기하고 있던 앰뷸런스가 그녀를 싣고 병원으로 달렸다.

그녀는 응급실 침대에 묶인 채 심한 복통을 호소했다. 영어와 스페인어가 섞인 비명을 지르며 헛것을 보고 땀을 심하게 흘렸다. 자신의 피부 위로 거미가 기어다니고 있다며 소리를 질러댔고, 공중에 떠 있는 천사에게 기도를 했다. 검사 결과 심장 박동이 1분에 160회로 매우 빨랐으며, 혈압은 250/130으로 위험한 상태였다. 눈의 동공은 커지고 피부는 창백했다. 영화 〈엑소시스트〉에 등장하는 배우 린다 블레어 같았다. 복부는 딱딱한 판자처럼 강직되었다. 응급수술이 필요한 상황이었다. 충수염이 터졌나? 자궁외임신? 아니면 지난밤에 먹은 음식이 잘못되었나?

외과의사가 호출되었다. 그는 병원에 새로 배치된 의사로 수련을 마친 첫 해였으며 잠이 부족한 상태였다.

에콰도르에서 방금 날아온 그 여성은 급히 수술실로 옮겨졌고 그 과정에서도 묶인 손목과 발목으로 몸부림을 치며 온갖 욕설을 내뱉고 비명을 질렀다. 토사물로 범벅이 된 머리카락은 거칠게 휘날렸다.

머리 위에 달린 전등은 500와트의 불빛으로 수술 시야를 비춰주었다. 배꼽 부근에서부터 명치 아래까지 환자의 부드러운 피부가 절개되었다. 피가 얕게 스며나와 복부 옆으로 흘러내렸다. 자신이 절개해서 벌린 동굴 안을 찬찬히 살펴보며 의사는 "눈으로 보기에 복강내 구조물에 아무런 문제도 없다."고 말했다.

그는 장갑을 낀 손을 환자의 복부에 넣어 이리저리 휘저으며 문제 부위를 열심히 찾았다. 갑자기 럭비공 같은 것이 손에 잡혔다. 위장이었다. 보통 크기의 두 배 정도로 확대되고 늘어난 위장이었다. 내장 벽의 투명한 점막을 통해 끔찍한 광경이 눈에 들어왔다. 긴 고무호스 모양의 무엇들이 마치 수많은 구더기들처럼 내장 속에 버글거리고 있었다. 아마 위장 속도 마찬가지일 터였다. 눈앞에 나타난 모습에 의사는 질겁을 했다. 그는 즉시 뒤로 피할 자세를 하고 떨리는 손으로 환자의 위장을 절개해 갔다. 의사의 등과 가슴은 땀으로 흠뻑 젖었다. 이 구더기들이 위장에서 탈출하면 어떤 괴물 같은 파리가 되어 날아다닐까?

콘돔들이 쏟아져 나왔다. 코카인이 가득 들어 있는 수십 개의 콘돔이었다. 에콰도르에서 날아온 아가씨는 인간 포장지였다. 내장이나 신체부위 혹은 이식용 장기를 담을 때 사용하는 수술용 양동이에 코카인이 포장된 콘돔들을 담기 시작했다. 5개의 양동이에 178개의 콘돔이 가득 찼다. 그중 45개가 터져 있었다.

의사가 그 범죄 환자를 옮기려 할 때 갑자기 심장이 멈췄다. 오랫동안 집중적으로 소생술을 시도했지만 환자는 결국 수술대 위에서 사망했다. 사망 후 혈액검사로 확인된 진단명은 급성 코카인 중독이었다.

178개의 콘돔 각각에 4.5그램 정도의 코카인이 들어 있어 그 양
은 모두 800그램(거의 1킬로그램)에 달했다. 환락을 목적으로 사용되
는 코카인은 약 2그램이 치사량이다. 이 불쌍한 젊은 여성은 치사량
의 400배를 삼킨 것이다.

너무 많은 양의 포장재를 삼켰기 때문에 위장과 소장이 늘어나서
복통이 발생했다. 그중 몇 개가 터졌고 거기서 새어나온 코카인이
신체로 흡수됐다. 불행히도 미네랄 오일이 콘돔의 고무를 녹였을 것
이다. 친절한 할머니는 선의로 미네랄 오일을 주었지만 환자의 비극
에 일조를 한 셈이 되었다. 미네랄 오일이 코카인을 치사량 이상으
로 방출시켰고 결국 심혈관계의 이상과 사망으로 이어지고 말았다.

정자 알레르기 반응을 보이는 신부

스물셋의 조니는 매력적인 여성이었다. 건강하고 활동적이었으며 열세 살 때 발병한 천식 외에는 아무 병도 앓은 적이 없었다. 천식은 심하지 않았으며 기관지 확장제나 스테로이드 흡입제로 잘 조절되었다. 작은 시골 마을의 종교적 가정에서 자랐기 때문에 그녀는 어릴 때 결혼하는 날까지 처녀를 유지하기로 결심했다.

그녀는 고등학교 졸업반 때 남자친구 제이를 만났다. 화학 수업을 같이 들었던 제이가 첫사랑이었지만 조니는 결혼할 때까지 육체관계를 허락하지 않았다. 고등학교를 졸업한 직후 그들은 약혼을 했고 5년 후 제이가 가족을 부양할 능력을 갖췄다고 생각될 때 결혼식을 올렸다.

차분한 성격의 제이는 마음은 굴뚝같았지만 육체관계를 거부하는 약혼자의 마음을 잘 이해해주었다. 그녀의 몸을 안고 건초더미 위에서 뒹굴고 싶은 젊은 남자의 욕망을 억누르면서 혼전관계에 대한 그녀의 생각을 존경한다고 말하였다. 그들은 오랜 기다림과 갈증의 여러 해를 보낸 후 마침내 결혼식을 올리게 되었다. 제이의 마음은 오직 한 가지 생각뿐이었으며 조니도 마찬가지였다. 그녀는 종교적 신념이 강했지만 남편과의 섹스 생각으로 침이 고이는 것을 막을 수는 없었다.

결혼식은 축복 속에 진행되었다. 축하연 장소는 핑크색 장미꽃으로 장식되었고 음식과 술이 넘쳤다. 아홉 명으로 구성된 악단이 새벽 2시까지 음악을 연주했다. 제이와 조니는 가능한 한 빨리 그 자리를 떠나길 원했다. 그들은 빨리 자신들의 결혼을 완성하고 싶었다. 한밤중에 새신랑과 신부를 실은 리무진이 호텔에 도착했다. 그들은 숨 쉴 틈도 없이 엘리베이터를 탔다. 그리고 신방에 들어서자마자 서로의 버클과 지퍼 그리고 단추를 풀었다.

몇 분 만에 두 사람의 옷이 문 옆에 쌓였고 알몸의 두 사람은 하나가 되었다. 짧은 시간이었다. 하지만 그들은 발을 묶고 있던 족쇄에서 해방되었기에 더더욱 행복했다. 그들은 이제 그렇게 원하던 섹스를 마음껏 할 수 있었다.

'그 일'이 끝나자마자 조니는 몸이 화끈거리는 느낌을 받았다. "제이, 왜 이리 뜨거울까?" 조니가 말했다.

자신의 신부가 한 번 더 하기를 원하는 것 같아서 신랑은 기분이 나쁘지 않았다. "자기야, 방금 끝났으니 조금만 기다려 줘."

"그 말이 아냐. 정말로 몸이 뜨거운 것 같아. 피부가 온통 벌겋게 되고 있어. 가렵고 몸 안에서 뭔가가 헤집고 있는 것 같아.”

“몸 안에서? 몸 안의 어디에?”

“거기 말이야, 거기.”

“목욕을 해 보면 어떨까?” 신랑이 말했다.

몇 시간 후 그녀의 증상은 줄어들었다. 조니는 첫번째 섹스 후에 곧바로 이런 증상이 나타나서 고민이 되었지만, 틀림없이 기다리던 순간에 대한 기대 때문이었을 거라고 생각했다. ‘섹스는 항상 이와 같을까?’ 그녀는 의문이 들었다.

다음날 오후 새신랑과 신부는 신혼부부답게 또 한번 몸을 섞었다. 끝나자마자 곧 조니에게 같은 증상들이 나타났다. 몇 달 동안 이런 상태가 계속되자 두 사람의 성생활에 큰 문제가 되었다. 이런 증상을 피할 유일한 방법은 남편이 콘돔을 사용하는 것이었다.

섹스 후에 팔다리와 몸통에 온통 붉은 반점이 생기고, 목이 조이는 느낌과 함께 질부위까지 가려워지는 증상이 점점 심해지자 결국 그녀는 진료를 받아보기로 했다. 그녀는 이런 증상들이 섹스와 관계 있다고 생각했지만 어떠한 관련인지는 알 수 없었다. 자신이 신을 화나게 했을까? 결혼 전에 마음으로 섹스의 욕구를 가졌던 것에 대해 하늘이 내린 벌일까? 의사는 그녀로부터 병력을 자세히 듣고 난 다음 진찰을 했다. 그러나 이상한 소견은 없었다. 그녀의 증상이 섹스와 관계된 것이었기 때문에 의사는 그녀를 부인과에 의뢰했다. 다행히 부인과 의사는 과거에도 이런 사례를 경험한 적이 있어서 즉시 진단명을 집어낼 수 있었다. 그는 그녀에게 남편의 정액에 대한 과민반응이 있다고 말했다. 그렇게 많은 시간을 기다리고 기대해 왔지만 그녀가 사랑하는 사람은 알레르기 물질을 가지고 있었다. 조니는 제이의 정자에 알레르기 반응을 나타냈다.

이제 그들이 할 수 있는 일은 헤어지거나 평생 콘돔을 사용하기, 섹스하기 전 질에 스테로이드 연고를 바르기, 혹은 국소적 탈감작(脫感作) 치료 등이었다. 그들은 마지막 옵션을 택했다. 탈감작치료를 위해 남편은 정액을 꾸준히 실험실로 보냈다. 병원은 이 정액으로 정자의 농도를 점점 증가시키면서 한 번의 치료주기 때 매 20분마다 아내의 질 속에 넣어주었다. 제이와 조니는 일주일에 최소한 세 번은 섹스를 하라는 지시를 받았는데, 아직 신혼인 그들에게 이것은 쉬운 일이었다. 탈감작과 많은 섹스를 하며 3개월이 지나자 조니는 아무런 증상 없이 남편과 정상적인 성생활을 즐길 수 있게 되었다.

그러나 그것의 부작용으로 조니는 더 이상 오르가즘을 느끼지 못했다.

콧구멍에 구더기가 살고 있다

샤를렌이 중환자실에서 힘든 당직 근무를 거의 끝낼 시간이었다. 중환자실에서는 환자 한 명에 간호사 한 명이 배당되었다. 이번에 샤를렌이 맡은 환자는 일흔아홉의 할머니였는데 집에서 심장발작을 일으켜 입원했다. 앰뷸런스가 도착했을 때 그녀의 심장은 멈춘 상태였다. 그 자리에 있었던 사람들은 모두 심폐소생술(CPR)을 시행할 줄 몰랐기 때문에 5분 동안 할머니의 뇌에 혈액이 공급되지 않았다. 신경학적 기능의 일부는 회복되었지만 크게 호전되지는 않았다. 4주 후에도 그녀는 인공호흡기에 의지하여 거의 식물인간 상태였다.

앞으로 치료를 해서 좋아진다고 장담할 수 없었기 때문에 의사는 가족들이 계속 치료를 원해도 그 다음날 치료를 중단할 생각을 하고 있었다.

샤를렌은 생각했다. "이건 말도 안 돼. 지금 나는 죽은 환자를 간호하고 있는 것 같아. 도대체 어떻게 하란 말이야?" 그녀는 파리채로 파리를 쳤다. 한 달째 간호사들은 파리들이 병동에 돌아다닌다고 불평하고 있었다.

샤를렌은 병상 끝에 있는 간이의자에 앉아 바쁘게 차트를 작성하다가 뭔가 움직이고 있는 것을 얼핏 보았다. 그녀는 자신의 환자를 쳐다보았다. 처음에 그녀는 환자의 코에서 나와 얼굴로 흘러내리고 있는 것이 단지 콧물이라고 생각했다. 그러나 콧물을 닦아주러 가까이 다가간 그녀는 깜짝 놀라 비명을 지르며 밖으로 뛰어나갔다. 새파랗게 질려 벌벌 떨며 그녀는 동료들에게 병상을 가리켰다.

"저기 좀 봐. 환자 코에서 뭐가 기어나오고 있어." 그녀가 울먹이며 말했다.

코에서 줄을 지어 기어나오고 있는 것은 꿈틀거리는 구더기들이었다. 하얀색의 통통하고 끈적거리는 것들이 환자의 입 속으로 사라지고 있었다. 다른 간호사들도 비명을 질렀고 그중 한 명은 기절까지 했다. 중환자실에 소동이 벌어졌다.

"코에 벌레가 들어 있어!" 간호사 한 명이 소리를 질렀다. "환자가 구더기에 감염되었어!" 병원 노조가 가입한 보험회사에 정신장애 치료비를 청구할 생각을 하는 사람도 있었다. 괴이한 감염의 처치를 위해 의사가 호출되었다.

의사는 벽의 석션 구멍에 흡인 호스를 부착한 다음 환자 옆으로 자신 있게 걸어가 환자의 코에 호스 끝을 밀어넣고는 흡인기를 켰다. 환자의 코와 입에서 열 마리 정도의 구더기가 빨려나와 흡인기

수집 통 속으로 들어갔다. 의사는 구토를 했다.

　문제를 해결하기 위해 필사적인 노력이 전개되었다. 그날 늦게 이비인후과 의사가 호출되어 왔다. 그 의사는 흰색 가운을 입고 환자의 코 속, 즉 구더기들의 서식지로 관찰경을 삽입했다. 애벌레 한 마리가 빨려 나가지 않고 남아 있어 집어냈다. 그리고 코 속의 다른 부위를 샅샅이 살펴본 다음 이제 모두 제거되어 깨끗하다고 말했다.

　그러나 그가 자신의 도구를 챙겨 떠나려는 순간 옆방에서 비명소리가 들렸다. 다른 환자의 방에서 간호사가 뛰쳐나왔다. 구더기들이 더 있었다. 중환자실 전체를 폐쇄하고 모든 환자들에 대해 구더기 감염 여부를 검사했다. 더 이상 다른 사례는 발견되지 않았다. 기생충학 교실로 보내 검사한 결과 구더기는 쉬파리의 일종인 구리금파리의 애벌레로 확인되었다. 기생충학자는 이 문제에 흥미를 가지고 자세히 조사해보기로 했다. 그가 도와주겠다고 했지만 병원 행정부서는 전기 파리잡이 몇 개로 충분하다고 생각하며 그의 제안을 거절했다.

　그러나 파리잡이를 설치했음에도 병동뿐만 아니라 중환자실에서 날아다니는 파리들이 의료진의 눈에 자주 보였다. 결국 지역 신문에서 이 문제를 다루자 그 기생충학자가 불려왔다. 그는 병원의 지하에서부터 살펴본 다음 감염의 원천을 찾아냈다.

　한 달 전 병원에 쥐가 들끓었는데, 병원 관리인이 줄어서 발생한 문제로 생각되었다. 쥐들은 병동 여기저기를 돌아다녔고 어떤 곳에서는 직원들이 마치 애완동물처럼 취급하기도 했다. 쥐잡이용 끈끈이와 쥐덫이 놓였다. 그러나 직원이 모자랐기 때문에 쥐덫에 걸려 죽은 쥐의 사체를 깨끗이 치우지 못했다. 쥐의 사체에 쉬파리들이 몰려들어 알을 낳았고, 중환자실 환자들도 쉬파리가 알을 낳는 장소가 되었다. 병원 전체를 샅샅이 조사하여 쥐의 사체를 모두 처리하고, 쥐덫을 설치하여 거의 200마리나 되는 쥐를 잡았다. 쥐 혹은 쉬파리 문제는 그해 늦게 해소된 것으로 보였지만, 수술실을 조사하니 벌써 1년 전에 죽은 쥐가 발견되었다.

쥐의 사체 한 구에는 쉬파리 100마리가 알을 낳을 수 있다. 쥐의 사체가 있는 중환자실은 쉬파리를 끌어들이는 좋은 환경이 되었으며, 자동문이 중환자실을 차단하고 있었기 때문에 쉬파리가 나갈 수도 없었다. 쥐의 사체가 없어진 다음 파리들이 다시 알 낳기 좋은 장소로 찾은 곳은 환자들의 코 분비물이었다.

과식으로 배가 터져 죽을 수도 있다

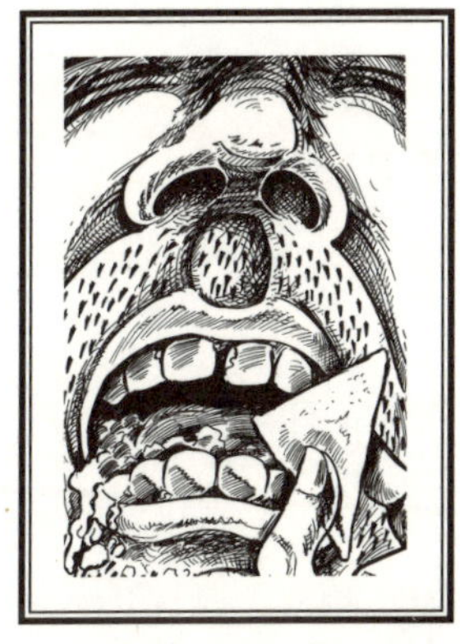

응급실 의사와 간호사들은 언제나 노곤한 긴장상태에 있다. 잠깐 한숨을 돌린다 싶으면 곧바로 시각을 다투는 심장발작이나 심한 외상 등 여러 가지 치명적 상태가 전개된다. 부러진 뼈가 피 묻은 피부를 뚫고 나오는 사람, 총알이 들어간 구멍으로 내장이 돌출된 사람, 머리 부상으로 얼굴을 알아보기 힘든 사람 등. 밤낮을 가리지 않고 신체에서 나타나는 무수한 문제를 가진 사람들의 응급실 방문이 이어진다.

수요일 밤, 어둠이 깊어지는 무렵이었다. 번쩍이는 경광등을 켠 채 사이렌 소리와 함께 응급실에 도착한 앰뷸런스에는 쉰여섯 살의 남성이 실려 있었다. 그는 불면증으로 뒤척이던 중 30분 전에 갑자기 심한 복통이 일어나서 즉시 119로 전화했다. 그의 집은 병원 근처였지만 170센티미터에 200킬로그램에 달하는 거구를 앰뷸런스로 옮기기 위해 구조요원 두 명이 보통보다 긴 시간 동안 애를 써야만 했다.

응급실 간호사가 간단히 병력을 묻는 동안 대기실의 좁은 침대 밖으로 환자의 비대한 살이 축 늘어졌다. 바이탈사인(Vital Sign: 혈압과 맥박 등의 기초 검사) 결과는 환자의 복부에 문제가 있음을 시사했다.

맥박은 120회 정도로 빠른 빈맥이었다. 혈압은 90/60으로 낮게 나타났으며 호흡이 빠르고 열도 있었다. 산소 투여와 정맥주사선 확보, 심전도 등의 기본 처치를 시행하자 응급실 의사가 나타났다. 의사는 칸막이 안으로 들어와서 커튼을 내렸다.

"칸데라 씨, 어디가 불편하세요?" 의사가 물었다.

"몸이 안 좋아요." 환자는 힘없이 대답했다.

"자세하게 말씀해 보세요."

"누워도 잠이 안 와서 밤 10시쯤에 침대에서 일어났습니다. 그리고 먹을 것을 준비해서 TV를 보고 있던 중에……." 말하는 것이 힘들어보였다.

의사는 이렇게 비대한 체구인 그가 걷거나 직접 먹을 것을 준비하는 모습을 상상할 수 없었다. '주방에서 잠들었던 게 틀림없어' 라고 의사는 생각했다.

환자는 "소파에서 깜빡 졸았던 것 같습니다. 그리고 다시 침대로 가서 누웠지만 영 좋지 않았습니다. 너무 많이 먹은 것 같았어요." 라고 말했다.

"계속 말씀해보세요."

"그때 갑자기 위장이 찢어지듯이 아프기 시작했어요. 결국 침대 위에다 몽땅 토하고 앰뷸런스를 불렀지요."

의사는 침대 중간으로 발을 옮겨 환자의 복부를 검사했다. 복부의 살과 주름 속으로 의사의 손이 파묻혔다. 마치 고무판에 덮힌 것 같은 느낌을 주는 피부였다. 의사는 환자의 복부를 누르면서 얼굴 표정을 관찰했다. 그때였다. 전혀 아픈 표정이 없던 그가 얼마나 아픈지 갑자기 굉장한 비명을 지르며 그 큰 체구가 침대에서 벌떡 일어날 것처럼 소스라쳤다.

의사의 손이 닿은 환자의 복부가 딱딱한 널빤지처럼 변했다. 복강 내에 충수염(appendicitis: 흔히 말하는 맹장염)이나 간손상 같은 자극이 있으면 심한 통증과 함께 복근이 강직되어 복부가 딱딱해질 수 있다. 환자는 이와 같은 급성복증의 증상을 보이고 있었다. 열이 있고 맥박도 빠르며(빈맥) 혈압까지 낮았으므로(저혈압) 응급으로 복부수술(개복술)을 해야 할 상황이었다.

거대한 체구를 실은 이동침대가 삐꺽거리는 소리를 내면서 수술실로 향했다. 수술실 중심에 자리잡은 수술대는 표준형이었기 때문에 환자에게 좁았다. 환자의 체구에 맞게 수술대를 변형해야만 했다. 수술대 네 개가 동원되고 한 무리의 응급실 야간 당직자들이 합세하여 마침내 거의 0.2톤에 달하는 살덩이를 수술메스 아래에 준비시킬 수 있었다.

마취가 시작되고 호흡관이 삽입되었다. 의사는 한 겹 한 겹 절개해 갔다. 황색의 지방질 덩어리들을 가르며 수술 시야를 확보해 들어갔다. 피가 품어져 나왔지만 석션(suction: 기도 등의 분비물 같은 것

을 카테터 등으로 빨아내는 것) 카테터로 즉시 빨아들였다. 복막은 두
꺼운 비닐랩 조각에 작은 혈관들이 이리저리 얽혀 있는 모양이었다.
메스가 바쁘게 움직이는 가운데 심전도기에서 흘러나오는 스타카토
음이 침묵을 깨트리고 있었다.

도리토스(Doritos: 스낵과자 이름)였다. 처음에는 치즈 냄새가 나
는지 잘 몰랐지만 분명히 도리토스였다. 모양도 그렇게 생겼다. 튀
어 나와 있는 스낵과자 조각들을 복강에서 하나하나 제거해야만 했
다. 소화되지 않았거나 씹다만 음식 부스러기들이 칸데라 씨의 복강
내를 휘저으며 다니고 있었다. 이것들이 위장관에서 어떻게 빠져나
올 수 있었을까?

위장을 살펴보는 것만으로 확실한 진단이 내려졌다. 위장의 소
만부를 따라 마치 히말라야 산맥의 크레바스처럼 길게 찢어진 부분
이 보였다. 너무 많이 먹어서 위장이 다 처리할 수 없었다. 가스탱
크가 꽉 차면 새어나가는 것과 같았다. 위장이 가득 차면 토하거나
찢어지게 된다.

칸데라 씨는 인공호흡기에 의지하며 중환자실에서 2주일을 보냈
다. 복부에서 발생하는 감염에 맞서 싸울 수 있도록 24시간 내내 항
생제를 환자의 혈액 속으로 쏟아 부었다. 마침내 고비를 넘기고 서
서히 좋아졌다. 그는 한 달 동안 입원한 후 체중이 40킬로그램이나
빠져서 퇴원했다. 퇴원할 때 의사가 내린 처방은 간단했다.

"배가 부르면 더 이상 먹지 마세요."

위험한 오렌지주스의 중독

마흔여덟 살의 여성이 한 주 동안 계속된 피로감과 식욕부진으로 병원을 찾았다. 특별한 병력은 없었다. 큰 병을 앓았거나 복용하고 있는 약물도 없었다. 진찰에서도 특이한 소견은 발견되지 않았다. 응급실의 통상적 검사인 혈액학검사와 생화학검사를 위해 혈액을 채취하여 검사실로 보냈다. 30분쯤 지나 생화학검사실에서 응급실 의사에게 전화가 왔다.

"스티브스 부인의 칼륨 수치가 8.2밀리몰/리터(mmol/L)로 나왔습니다. 혹시나 해서 세 번이나 검사했지만 마찬가지입니다."

칼륨의 정상 수치는 3.5~5.0이다. 8을 넘으면 생명의 위협을 느낄 만큼 촌각을 다투는 응급 상황이다. 심장리듬에 큰 문제가 생기며 즉시 처치하지 않으면 급사하게 된다.

　　의사는 날아가듯 뛰어가며 간호사에게 처방을 외쳤다. "6번 병상 환자를 급성처치 방으로 빨리 옮겨주세요. 환자의 칼륨이 8을 넘었어. EKG(심전도)도 준비하고." 스티븐스 부인은 급히 응급처치 방으로 옮겨졌다. 팔에는 식염수병에 연결된 IV(정맥주사)가 삽입되었다. 산소마스크가 얼굴을 덮었다.

　　"IV 칼슘 한 앰플 주세요." 의사는 낮지만 분명한 목소리로 말했다. "그리고 IV인슐린과 50% DW 한 앰플도 주세요. 케이엑슬레이트(Kayxelate) 50시시(cc)와 소비톨 50시시 경구 투여 시작합시다." 간호사가 바삐 움직이며 몇 분 안에 약물 준비를 마치고 환자에게 투여했다. 정확한 치료가 시행되는 중이었다.

　　그 정도로 심각한 고칼륨혈증(혈중 칼륨 수치가 높을 때)의 원인은 몇 가지밖에 없으며 모두 쉽게 진단할 수 있다. 칼륨을 너무 많이 섭취하거나 신장이 칼륨을 정상적으로 배출하지 못하는 경우다. 응급실 의사는 원인이 될 만한 가능성을 하나씩 점검하며 배제해 갔다.

　　고칼륨혈증을 초래하는 가장 흔한 원인은 만성 혹은 급성신부전이다. 신장은 우리 신체에서 만들어지는 여러 가지 노폐물들을 걸러내는 기능을 하며, 신체 내 칼륨의 조절에 중요한 역할을 한다. 이러한 신장의 기능에 이상이 있으면(혈청 크레아티닌이 높아지는 것으로 나타난다) 고칼륨혈증이 발생할 수 있다. 그러나 스티븐스 부인의 신장기능은 정상이었다.

　　"한 가지는 아니군." 의사는 생각했다.

　　혈관에서 바늘로 혈액을 채취할 때 너무 무리하게 처치하면 혈구가 파괴되는 용혈 현상이 발생할 수 있다. 그리고 용혈이 되면 혈구

들로부터 나온 칼륨이 혈청으로 들어가 검사할 때 칼륨수치가 높게
나타나는 오류가 생기기도 한다. 그러나 검사실에서는 세 번이나 검
사했고 용혈 현상도 관찰되지 않았다. 두번째 가능성도 배제했다.
칼륨 보충제제와 같은 일부 약물들도 혈청 칼륨 수치를 높인다. 의
사는 다시 한 번 스티븐스 부인을 살펴보았다. 처방약이나 생약 등
현재 복용하고 있는 약물은 없었다. 다른 검사들을 처방했다. 혈액
을 채취하여 검사실로 보내 다시 검사했지만 여전히 원인은 오리무
중이었다. 며칠 내에 칼륨 수치는 정상으로 돌아왔고 의사는 머리가
더 복잡해졌다.

신참 의사답게 온갖 사소한 사항들에도 주의를 기울이는 활기찬
인턴이 스티븐스 부인의 병상으로 와서 그녀의 병력을 다시 점검했
다. 30분 정도 자세히 물어 보았지만 별 소득이 없자 그는 주섬주섬
일어났다.

그때 "오렌지주스 말인데요." 그녀가 물었다. "이 병과 무슨 관
련이 있을까요?"

귀가 번쩍 뜨인 인턴이 그녀를 향해 돌아섰다. "몇 리터씩 마시
면 그럴 수 있습니다." "정말입니까?" 그녀가 부끄러운 듯이 말했
다. "그랬구나."

그녀는 오렌지주스로 다이어트를 하고 있었다. 오렌지주스가
"숨겨진 병까지 치료하며 지방을 빼준다."는 이웃 건강식품가게의
선전에 스티븐스 부인은 그 가게에서 판매하는 오렌지주스를 3개월
동안이나 매일 5리터씩 마셔왔다. 자신도 모르게 오렌지주스에 중
독된 것이다. 오렌지주스에는 칼륨이 많이 함유되어 있다. 식습관

을 바꾸는 것만으로 스티븐스 부인은 더 이상의 위험한 상황을 막을
수 있었다.

죽었다가 다시 살아나는 나사로현상

가끔씩 불법약물을 복용하던 스물두 살의 남성이 새벽 세 시에 앰뷸런스에 실려 응급실로 왔다. VSA(혈압이나 맥박 등 활력증후가 소실된 상태)였다. 그는 밤새 문을 여는 나이트클럽의 댄스 플로어 가운데서 의식을 잃은 상태로 발견되었다. 목격자들에 따르면 그는 한 시간 정도 열정적으로 춤을 추던 중 갑자기 바닥에 쓰러졌다고 한다. 구급요원들이 캄캄한 나이트클럽의 번쩍거리는 조명 아래에서 약물에 취한 채 춤을 추고 있는 10대와 청년들을 헤치고 들어갔다.

구급요원들은 넓은 공간을 확보할 수 없었다. 사람들은 아직 무슨 일이 벌어지고 있는지 모르고 있었다. 쓰러진 남자는 움직임이 없었다. 호흡은 빠르고 얕았으며 입술은 파랗게 변해 있었다. 구급요원은 댄스 플로어에서 정신이 혼미한 젊은이들이 지켜보는 가운데 즉시 기도에 튜브를 삽입했다.

　깨끗한 플라스틱 튜브(기관내 튜브)를 목으로 넣고 금속 후두경으로 넓혔다. 튜브는 성대를 벌리고 들어가 양측 폐의 바로 윗부분에 위치했다. 곧바로 공기주머니를 연결하고 구급요원 중 한 명이 주머니를 쥐어짜며 그의 폐를 팽창시켰다. 약물주사 자국들이 많이 보이는 그의 팔에 정맥주사를 삽입했고, 가슴에는 심전도 전극들이 부착되었다. 맥박이 관찰되지 않았다. 심전도 모니터에는 의미 없이 뒤틀린 파형만이 나타났다. 심실세동이었다. 이는 심장에서 혈액을 내보내지 못하는 위험한 리듬으로 몇 분 내에 심장 리듬이 정상으로 돌아오지 않으면 상태가 더 나빠지거나 뇌사로 이어진다.

　긴 코드로 모니터에 연결된 사각형 전극을 재빨리 청년의 가슴에 위치했다. "360줄(joule), 갑니다." 구급요원이 소리쳤다. 청년에게 전기충격이 가해졌다. 청년의 신체는 죽음에서 일어나듯 경련을 일으키며 위로 튕겨 올랐다가 댄스 플로어로 떨어졌다. 다시 움직임이 없었다. 모니터에는 다시 심실세동 파형이 나타났다. "한 번 더 360 그대로, 갑니다." 구급요원이 반복했다.

　몇 차례 전기충격을 가했지만 청년은 여전히 미동도 없었다. 정맥으로 아미오다론을 주사했다. 심폐소생술(CPR)이 이어졌다. 가슴을 압박하고 공기를 쥐어짜서 폐로 보냈다. 그동안에도 나이트클럽에는 형형색색의 불빛들이 번쩍였다. 구급요원들의 목소리는 중얼거림밖에 되지 않았다. 아직 밤이 지나지 않았고 젊은이들은 파티를 원했다. 여전히 열광하며 몸을 흔들고 있었다.

　구급요원들은 험악한 문신을 한 경비원들의 도움을 받아 가며 사람들 사이를 헤집고 청년을 앰뷸런스로 옮겼다.

응급실에 도착했을 때 청년은 사망한 것처럼 보였다. 심장박동이 없었으며, 심장에서는 어떤 전기신호도 발생되지 않았다. 자발적인 호흡도 없었다. 이미 생명을 잃은 것 같았지만 그러기에는 너무 젊은 사람이었다. 의사들은 젊은이를 포기하지 않고, 각종 약물들—에피네프린, 날록손, 아트로핀, 리도카인, 바이카보네이트, 아미오다론, 브레틸리움—을 투여했다. 손으로는 가슴을 계속 압박하고, 외부 심장이 청년의 혈액을 순환시켰다. 인공호흡기는 100퍼센트 산소를 그의 폐 속으로 밀어 넣어주었다.

온갖 결사적인 노력에도 불구하고 변화가 없었다. 심장은 멈춘 상태였고, 때려도 반응이 없었다. 이제 죽은 사람이었다. 젊음이 넘쳐서, 그는 엑스터시와 헤로인 때문에 사망했다. 원인은 이제 중요하지 않았다. 응급팀의 의사는 처치 중지를 지시했다. 응급실 도착 후 82분 만이었다. 청년의 사망이 선언되었다. 검시관이 확인할 수 있도록 기도의 튜브는 삽입 상태 그대로 두었다. 의사와 간호사들은 살아 있는 환자들에게 옮겨갔다.

그로부터 채 2분이 지나지 않아 응급실 의사는 놀라서 부르는 소리를 듣고 달려갔다. 간호사가 그 청년의 몸을 닦고 있던 중 심전도 모니터에 갑자기 전기 리듬이 보였다. 혈압도 90/60으로 기록되어 나타났다. 놀란 의료진들이 달려와서 새로운 처치를 시작했다. 인공호흡기가 장착되고 중환자실로 옮겨졌다. 그는 그 후 2개월 동안 패혈증과 폐렴, 그리고 신부전 등의 합병증으로 중환자실에서 치료받았다. 입원한 지 3개월 후 그는 신경학적 문제가 전혀 없이 집으로 퇴원할 수 있었다. 그리고 잘 살아 갔다—기적이었다. 그 청년은 나사로현상의 한 사례였다.

나사로현상(lazarus phenomenon)이라는 용어는 1982년에 처음 사용되었는데, 신약성경에서 예수가 죽은 나사로를 살린 것처럼 사망선언 이후 뜻밖에 환자의 심장과 호흡이 돌아오는 것을 말한다. 의학문헌에 보고된 사례는 30건이 못 되지만 나사로현상은 어느 한 가지로 설명할 수 없는 기적이라 할 수 있다.

유기인산을 이용한 암살 음모

마흔 살의 남아프리카인이 미국으로 가는 도중에 나미비아에 하루 동안 체류했다. 그는 중요한 종교인으로 남아프리카공화국의 인종분리정책인 아파르트헤이트가 시행되던 기간에 정치변혁에 대한 지지를 얻기 위해 여행하던 중이었다.

나미비아에 도착해 예약한 호텔에 짐을 푼 그는 오심(惡心)과 구토, 설사, 복통 등의 증상이 나타나고 온몸에서 힘이 빠져나가 병원에 입원하게 되었다. 그의 증상은 심하고 갑자기 발생했지만 금방 사라졌기 때문에 정맥주사로 수분만 공급하고 다음날 퇴원할 수 있었다. 진단명은 장염이나 식중독일 것으로 추정되었는데 그는 여행을 계속했다.

미국에 도착한 그는 메리어트호텔에 투숙했다. 그런데 갑자기 증상이 다시 심하게 나타나 복통, 오심, 구토, 설사가 그를 덮쳤다. 온몸에 힘이 없어져서 간신히 전화로 앰뷸런스를 부를 수 있었다. 구급요원이 왔을 때 그는 카펫에 쓰러진 상태로 땀을 심하게 흘리며 근육을 떨고 있었다. 구급요원들은 급히 기초검사를 한 후 그를 앰뷸런스에 싣고 사이렌을 울리며 병원으로 이송했다.

췌장에 염증이 있음을 알려주는 표지인 아밀라아제 수치가 높았다. 그러나 빠르고 완전하게 증상이 회복되고 아밀라아제 수치도 정상이 되었다. 췌장염으로 진단받은 그는 퇴원해서 호텔로 돌아왔다.

하지만 24시간도 지나지 않아 그는 혼수와 불안으로 또다시 입원하게 되었다. 그는 과호흡 상태에 혈중 인산 수치가 낮았다. 복부 증상도 다시 나타났다. 세번째 입원에 어리둥절한 의료진은 외상후 스트레스증후군으로 진단하고 퇴원시켰다.

호텔로 돌아와 정치적인 만찬 모임에 참석할 준비를 하던 그에게 다시 오심과 복통이 나타났다. 결국 다시 병원에 입원했는데 네번째였다. 침을 심하게 흘리고 옷은 땀으로 흠뻑 젖었다. 눈알은 제멋대로 움직였다. 똑바로 걸을 수 없었고 영락없이 술 취한 사람 모습이었다. 구토와 설사가 계속되고 소변도 통제되지 않았다. 신체의 모든 구멍에서 체액이 새어나왔다. 예리한 감각을 소유한 응급실 의사는 농촌 출신이었는데, 이처럼 다양한 증상들이 함께 나타나는 경우를 알고 있었다. 그는 과거에 실수로 살충제를 마셨던 농부에게서 이러한 증상을 본 적이 있었다. 급성 유기인산(살충제) 중독이었다.

그 진단은 특수혈액검사로 확인되었다. 특별한 치료가 필요하지 않았기 때문에 그는 다시 퇴원했다. 병원에서는 그에게 옷가지뿐만

아니라 옷가방도 모두 버리라고 말했다. 그가 나미비아로 떠나기에
앞서 누군가가 그의 소지품에 의도적으로 유기인산 독극물을 묻혀
두었을 것으로 의심되었는데, 나중에 그것은 사실로 확인되었다.

그의 옷가지에서 발견된 유기인산이 그가 호텔방으로 돌아올 때
마다 피부를 통해 흡수되어 급성 중독을 일으켰던 것이다. 병원에
입원해 있는 동안에는 소독된 가운을 입었으므로 그는 금방 회복되
었다. 그는 우리가 알고 있는 한 유기인산을 이용한 전쟁의 생존자
였다.

몇 년이 지나고 아파르트헤이트가 철폐된 후 그는 새 정부에서
정책결정자의 자리에 올랐다. 그는 아파르트헤이트 기간 동안에 자
행된 범죄행위에 대한 조사팀을 구성하였다. 그 조사팀은 남아프리
카공화국 군대의 특수부대와 자치단체 외곽조직에서 독극물을 이용
해 반아파르트헤이트 활동가들 수천 명을 살해했음을 밝혀냈다. 그
역시 암살음모에 희생될 뻔했던 것이다.

무설탕 껌을 씹었을 뿐인데 만성 설사라니?

항공기 스튜어디스인 피츠헨리는 7년째 거의 매일 나타나는 잦은 설사와 복통 때문에 병원을 찾았다.

스물여섯 살의 이 아가씨는 승객들 전부보다도 더 자주 화장실을 사용한다며 동료들로부터 놀림을 당할 때가 많았다. 병원 외래에서 여러 가지 검사를 받았지만 그녀의 증상이 나타나는 원인을 찾을 수 없었다. 그래서 정밀검사를 받기 위해 병원의 소화기 병동에 입원하게 되었다.

배꼽 주위로 복통이 생긴 다음에는 심한 설사가 시작되었다. 하루에도 열 차례 이상 밝은 갈색의 물 같은 설사가 가스와 함께 나왔다. 양은 많지 않았다. 그 외에는 건강한 체질이어서 어릴 때 충수염 수술을 받은 것 말고는 특별히 병을 앓은 적도 없었다. 경구용 피임약 외에 복용 중인 약제도 없었다. 에이즈검사는 음성이고 다른

혈액검사들도 이상이 없었다. 복부 초음파와 컴퓨터단층촬영(CT)
도 모두 정상이었다.

길고 부드럽게 생긴 대장경에 윤활제를 발라서 항문을 통해 대장
속으로 밀어넣어 관찰하는 대장내시경 검사라는 매우 불편한 검사
도 받았다. 대장내시경 검사를 받기 위해서는 대장 속에 대변이 없
어야 하는데, 코리트산(colyte powder)이라는 단맛이 나는 액체를 4
리터나 마셔서 대변을 모두 배출하게 된다. 코리트산은 여러 차례에
걸쳐 대변을 물처럼 쏟아내어 대장을 비워준다. 대장내시경 검사를
하는 소화기내과 의사들을 보면 그들이 왜 전공으로 선택했을까 하
는 의문이 들기도 한다. 검사를 위해 먼저 환자에게 진정제를 투여
하는데 긴 시간 동안 대장경이 대장 속을 헤쳐 나가기 위해 꼭 필요
한 처치다.

대장경에는 카메라가 장착되어 있어 대장벽을 내부에서 직접 관
찰할 수 있다. 검사 전에 대변을 깨끗이 비워야 하는 이유다. 이 검
사로 모양이 이상하거나 염증, 혹은 폴립이나 종양 등의 문제가 있
는지 진단한다. 대장내시경 검사를 하며 악어집게(alligator forcep)
를 이용하여 대장에서 조직을 조금 뜯어내어 병리검사를 할 수도 있
다. 스튜어디스 아가씨는 대장내시경 검사에 동의했다. 하지만 그
녀의 아름답고 투명한 대장에서는 아무런 문제도 관찰할 수 없었다.
조직검사 역시 정상이었다.

명의들은 명탐정처럼 추리에도 능하다. 숙련된 전문의들은 자신
의 전문 영역에 포함되는 모든 증상의 원인들을 잘 알고 있다. 그들
은 흔한 원인들을 염두에 두고 환자에게 문진을 하고 진찰을 해 나간

다. 그렇게 하면서 논리적 전개에 따라 필요한 검사를 하여 의심되는 진단을 확인 혹은 배제해 간다. 피츠헨리의 경우에는 흔한 원인부터 차례로 배제해 갔지만 적합한 진단이 나오지 않았다. 여러 가지 검사를 동원해도 그렇게 자주 대변을 배출하는 원인이 드러나지 않았다.

의사는 하제(下劑: 설사를 초래하는 약) 남용을 생각해 보았다. 젊고 야윈 체구의 여성들이 종종 하제를 남용하고 있는데, 실제로 만성 설사의 원인 가운데 15퍼센트가 하제 남용이었다. 그러나 하제의 흔적을 찾을 수 있는 소변검사에서는 음성이었다.

3일 동안 그녀의 대변을 모아서 무게를 측정했다. 24시간 동안 나오는 대변의 무게는 250그램에 못 미친다. 그런데 피츠헨리에게서 '모은 대변'은 그보다 세 배나 많았다. 무엇이 설사를 일으켜 이렇게 많은 대변을 내보내는 것일까?

정맥주사를 삽입하고 24시간 동안 아무것도 먹지 않도록 했더니 그녀의 설사는 완전히 멈추었다. 이러한 경우는 '삼투성 설사'로 진단할 수 있었다. 설사에는 삼투성과 분비성이 있는데, 분비성 설사는 위장관의 여러 가지 질환들에서 발생하는 것으로 굶는다고 멈추지 않는다. 이제 더 이상 설사의 원인을 하나하나 점검해 갈 필요가 없어졌다.

삼투성 설사는 위장관에서 흡수되지 않는 물질이 섭취되었음을 시사해준다. 예를 들어 코리트산과 같은 것들로, 이러한 물질들은 위장관 속을 폭포수처럼 휩쓸고 지나가며 이때 위장관 속에 있는 내용물들이 함께 배출된다. 즉 설사가 발생하는 것이다. 그 물질이 모두 다 나가고 나면 설사가 멈춘다.

　그녀가 무엇을 숨기고 있을까? 무엇을 먹었기에? 그리고 왜 그것을 먹었을까?

　그녀는 아무것도 숨기지 않고 있었다. 다만 좀 더 자세히 알아보니 그녀는 고의성이 전혀 없이 7년째 무설탕 껌을 하루에 60개씩이나 씹고 있었다. 각각의 껌 조각 한 개에는 1.25그램의 소르비톨(sorbitol)이 포함되어 있다. 바로 이 소르비톨이 위장관에서 흡수되지도 않고 소화되지 않는 삼투성 물질이었다. 10그램 정도의 적은 양으로도 설사가 발생할 수 있는데, 그녀는 이러한 소르비톨을 하루에 75그램씩 먹고 있었다. 자신도 모르는 하제남용자였던 것이다.

　하제처럼 설사를 일으키는 껌 씹기를 중단하자 그녀의 대변습관은 정상으로 돌아왔다.

여자의 소변을 마시는 남자

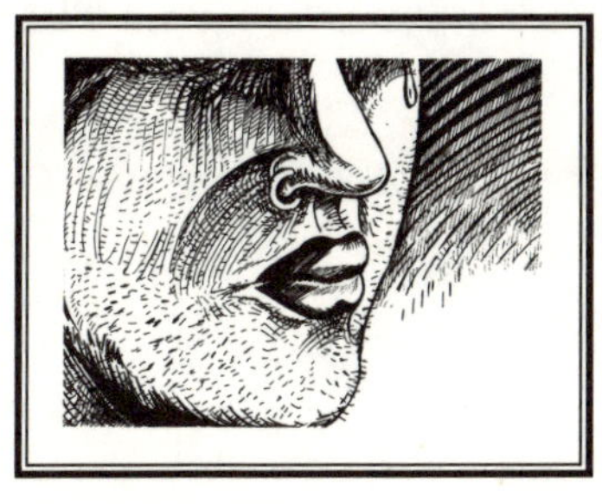

마흔두 살의 남성이 얼굴이 화끈거리며, 가슴이 붓고 누르면 아프다는(여성형 유방) 이유로 의사를 찾았다. 간단한 검사에서 그는 해부학적으로 남성임이 확인되었다. 주치의는 하루에 50~60명의 환자를 보느라 매우 바빴다. 환자의 문제를 차분히 검사할 시간이 없었으며 그렇게 할 생각도 없었다. 그는 환자를 내분비 전문의에게 보내 정밀검사를 받아보게 했다.

데이비드는 특이한 체질이었다. 유두와 혀에 피어싱을 하고 가슴과 등, 그리고 팔에 요란한 색깔의 문신을 새기고 있었다. 독신으로 아이도 없는 그는 대형 컴퓨터 소프트웨어 회사의 회계직원이었다. 가끔씩 엑스터시나 마리화나 등의 향락약물을 이용하지만 코카인이나 헤로인은 하지 않는다고 그는 말했다. 복용 중인 처방약이나

생약은 없었으며 과거에 관련된 질병을 앓은 적도 없었다. 진찰에서
는 정상적인 남성 생식기였고, 털이 있어야 할 곳에 있었다. 눈으로
보기에도 분명히 유방이 있었는데, 여자 유방으로는 작고 남자의 것
으로는 너무 컸다.

여러 가지 검사를 한 지 4개월 후에 그는 내분비 전문의와 상담
했다. 의사가 혈액검사 결과를 자세히 검토하는 동안 데이비드는 진
찰실에 앉아서 손가락으로 자신의 몸에 달린 링을 튕기며 차례를 기
다렸다. 그는 푸른색의 얇은 환자복을 입고 있었는데 등에서 열리고
무릎에 닿는 길이였다. 양말은 파란색과 노란색 줄무늬가 있는 흰색
의 스포츠 양말이었다.

"젠킨스 씨." 의사가 말했다. "혈액검사 결과를 보니 몇 가지 문
제가 있군요."

환자는 불편한 듯 몸을 움직였다. 의자를 덮은 종이가 그의 맨
엉덩이에 달라붙었다.

"테스토스테론 수치가 낮습니다." 의사는 계속 말했다. "그리고
FSH와 LH 수치는 높게 나왔습니다. 성장호르몬과 프로락틴, 그
밖에 다른 몇 가지 호르몬의 수치는 모두 정상 범위에 있습니다. 혈
청 코티졸과 HCG가 높고 CT 사진에서 부신과 복강 내 구조물들의
이상은 보이지 않았습니다."

"알아들을 수 있게끔 얘기해주세요." 그가 대답했다.

"그러죠. 설명하면 이렇습니다. 혈중 에스트로겐 수치가 높은데
이것 때문에 몸이 화끈거리고 가슴이 커졌습니다. 문제는 이렇게 높
은 에스트로겐이 어디에서 왔느냐 하는 것입니다. 우리는 혈액검사

를 하고 신체 내부의 사진들도 찍어 봤습니다. 그렇지만 원인을 찾을 수가 없어요. 젠킨스 씨가 뭔가 도움을 줄 수 있을 것 같은데, 혹시 여성호르몬을 복용하고 계시지 않습니까?" 의사는 의도적이었지만 지나가는 말처럼 물었다.

"소변 때문인 것 같군요." 데이비드가 대답했다.

어렸을 때 데이비드는 자신이 남자로 성장한다는 확신이 없었다. 그는 개인적으로나 혹은 공개적으로 남녀구분 없는 옷을 즐겨 입었다. 성장하면서 그는 정체성이 남자와 여자 사이에서 계속 오락가락했는데, 3년 전부터는 이상한 습관이 생겼다. 소변을 얻을 수 있으면 일주일에 네다섯 번 여성들의 소변을 많이 마셨다. 그 소변은 섹스 파트너나 동거중인 여자, 혹은 돈을 원하는 여성들로부터 얻었다. 그의 호기심은 점차 습관이 되었다. 그 여성들 중 많은 수가 호르몬 제제를 복용하고 있었기 때문에 결과적으로 그가 다량의 에스트로겐을 섭취하게 된 것이었다. 그렇게 하면 기분이 좋아졌기 때문에 그는 가슴이 커지는 것에는 신경을 쓰지 않았다.

자신의 소변을 마시는 일은 고대 인도에서 많이 행해졌던 신비한 행동이었다. 하지만 자신의 액체(혹은 고체) 배설물을 섭취하는 것이 어떤 식으로든 몸을 치료한다는 과학적 근거는 없다. 더욱이 남들의 소변을 마시는 효과에 대해서는 의학적 자료가 거의 없다. 젠킨스 씨는 변명하지도 않고 의사들이 자신을 있는 그대로 인정해주기를 원했다.

몇 년이 지나지 않아 그는 심장발작을 일으켰다. 에스트로겐을 과다 복용하면 합병증으로 심장발작이 발생할 수 있다는 사실은 잘

알려져 있다. 그럼에도 그는 '소변마시기'를 계속했는데 그 후로는
어떻게 되었는지 알 수 없다.

대포 포신 속의 와인

포병부대에 처음 배속된 프랑스 군인 한 명이 파티 중 와인을 조금 마시고 발작을 일으켜 혼수상태가 되었다. 값싼 프랑스 보르도 포도주를 함께 마신 다른 참석자들은 급하게 토했다. 동료들은 샤또 상병을 신속하게 병원으로 후송했다.

그들은 소속된 부대의 전통에 따라 155밀리 대포에서 포탄이 발사되고 난 후 포신에 와인 250리터를 쏟아부어 함께 마셨다. 그리고 그 행사가 끝난 직후 샤또 상병은 몸을 심하게 흔들면서 바닥에 쓰러진 것이다. "이거 간질병 아냐?" 그의 동료들이 외쳤다.

황금색 금속 헬멧에 녹색 군복을 입은 여섯 명의 동료 군인이 그를 들것에 싣고 갔다. 군용 지프가 그를 병원 응급실 입구에 내려놓았다. 젊은 병사는 온몸을 격렬히 흔들며 머리를 옆으로 젖혔다. 크게 벌어진 눈은 초점을 잃은 상태였다. "술취한 병사가 또 한 명 들어 왔군." 응급실 의사가 말했다(프랑스어로). "지금 바로 바륨 15밀리그램 IM(근육주사)하세요." 의사가 내뱉었다.

발작 증상은 점차 약해지다가 사라졌다. 의사는 환자의 군복을 벗기고 검사를 시작했다. 혈압과 맥박은 좋았다. 그러나 환자는 신체자극이나 말에 전혀 반응을 보이지 않았다. "바륨이 너무 많이 들어간 건가?" 의사가 말했다.

손가락이나 손톱으로 환자를 꼬집거나 가슴뼈 위를 세게 문지르는 것은 신경계 활동을 검사하는 방법이다. 뇌사 상태가 아닌 한 환자는 싫다는 표현을 하게 된다. 샤또 상병은 반응이 없었다. 의사는 그렇게 혼수에 가까운 상태일 때는 기도 확보가 중요하다고 생각했다. 환자의 폐에 호흡관을 삽입하고 호흡기를 연결했다.

의사는 또 알코올 수치를 포함한 혈액검사를 의뢰했다. 음주운전의 법적 기준을 약간 넘는 수치였다. 이 환자는 음주운전자가 절대 아니었고, 알코올 중독이 그와 같은 증상의 원인도 아니었다.

혈액과 소변검사에서 코카인이나 헤로인 같은 약물을 사용한 흔적도 없었다. 뇌 MRI(자기공명영상) 촬영에서는 출혈이나 다른 이상 소견들이 보이지 않았다. 요추천자도 시행했다. 뇌와 척수는 약 150밀리리터(mL)의 뇌척수액(CSF)이라는 맑은 액체 속에 담겨 있다. 등의 허리 부분 척추뼈(요추) 사이에 긴 바늘을 찔러 넣어 이러한 체액을 조금 뽑아내서 검사하면(그래서 요추천자라 부른다) 뇌에 염증이나 출혈이 있는지 확인할 수 있다. 샤또 상병은 혼수상태였으므로 진정제를 투여할 필요가 없었다. 하지만 뇌척수액 검사에서도 이상이 발견되지 않았다. 염증의 증후는 없었다.

의사는 이제 대포 포신에 무슨 단서가 있을지 생각해 보았다. 혈액과 소변을 검사실로 보내 청산염, 수은, 그리고 납중독 여부 검사를 의뢰했다. 그러나 모두 다 음성이었다.

그 후 이틀 동안 환자는 중환자실에 있었는데 소변이 만들어지지 않고 신부전이 발생하여 혈액투석을 시작했다. 특이한 광경이 전개되었다. 환자의 병상에는 언제나 그의 부대에서 온 제복을 입은 군인들이 북적거리며 24시간 불침번을 섰다.

환자에게 유도결합플라즈마 발광광도법(Inductively Coupled Plasma Emission Spectroscopy)이라는 흔히 사용되지 않는 특수검사가 시행되었다. 그의 부대에 소속된 엔지니어 한 명이 혹시 발견되지 않은 독성을 찾을 수도 있지 않을까 하는 기대에서 제안한 검사였다. 그 검사는 정확히 원인을 찾아냈다.

검사한 모든 체액들에서 텅스텐이라는 중금속의 수치가 매우 높게 나타났다. 인체에서 통상적으로 측정되는 수치의 2000배 정도였다. 텅스텐은 신장에서 배출된다. 그의 소변에서는 예상 수치보다 200배나 높은 농도의 텅스텐이 검출되었다. 3일 후 그는 갑자기 다시 무의식 상태에 빠졌는데, 특별한 일이 없었는데도 상태가 나빠졌다. 신장의 조직검사에서는 텅스텐에 의한 것으로 추정되는 조직손상이 보였다. 그러나 아직 의학 문헌들에는 비슷한 사례가 발표된 적이 없어서 그의 신부전 상태를 텅스텐 중독에 의한 것으로 확신할 수 없었다.

2주 안에 신장기능은 다시 돌아왔으며 입원 5주 후에는 병원에

서 퇴원했다. 머리카락과 손톱에서는 몇 달 후에도 계속 텅스텐이
검출되었다.

텅스텐에 노출된 공장노동자들은 폐나 피부에 문제가 발생한다.
이 사례는 사람에게서 발생한 급성텅스텐중독에 대한 최초의 보고
였다.

포탄을 발사한 직후 대포에 프랑스 와인을 부어 마시는 풍습은
새로운 것이 아니었다. 그런데 그 젊은 상병에게 무슨 일이 일어났
던 것일까? 군수사대에서 범인을 찾았다. 최근에 와서 대포의 포신
에 쇠의 강도를 높이는 처리를 해왔다. 텅스텐을 첨가한 것이다. 동
료 군인들은 즉시 토했지만 그는 '강철' 위장을 갖게 되었다. 이 사
건 이후 포신에 와인에 쏟아부어 치르던 신병 축하의식은 중단되었
다.

코닥 필름통이 질 속에 들어간 이유

열다섯 살의 소녀가 충수염이 의심되어 병원을 찾았다. 소화관이 퇴화하고 남은 흔적인 충수는 림프조직으로 구성되어 있는데, 그 기능에 대해서는 아직 확실히 알지 못한다. 약 7퍼센트의 사람이 자신의 일생 중 언젠가 충수염에 걸린다. 식이섬유를 많이 섭취하는 문화에서는 발생이 적으며, 여성보다는 남성의 발생률이 높다.

충수가 막히면 염증이 발생할 수 있는데 이때 그대로 두면 터지게 된다. 대변에 칼슘이 섞인 매우 작고 단단한 덩어리, 즉 분석(糞石)이 장관 속에서 돌아다니다 충수를 막는 것이 가장 흔한 원인이다. 충수염으로 사망하는 경우는 적지만, 충수염이 발생한 후 병원에 너무 늦게 가면 사망할 위험이 커진다. 이것은 다른 질병들의 경우에도 마찬가지다. 너무 오래 지체하면 상태가 나빠지고 결국 사망할 수도 있는 것이다.

충수염의 임상 양상은 매우 다양하기 때문에 다른 질병들과 혼동되기 쉽다. 가장 고전적인 증상은 구역질과 식욕부진, 그리고 복부 가운데 부분의 꼬이는 듯한 통증이다. 통증의 위치가 배꼽 주위에서 복부의 오른쪽 아래 부위로 옮겨가는 것은 충수염의 가장 대표적인 증상이다.

타마라는 3일 전부터 복부가 불편했다. 오심과 구토가 생겼으며, 소녀의 어머니에 따르면 열도 조금 있었다. 진찰에서는 복부의 오른쪽 아래 부위에서 통증과 미열이 있었으며 로브싱증후(Rovsin Sign: 복부의 왼쪽 아래 부위를 누를 때 오른쪽 아래 부위에서 통증이 발생한다)가 양성으로 나타났다.

충수염이 의심되었다. 충수절제술은 흔히 시행하는 수술로 합병증 발생이 매우 적다. 통상적으로 이와 같이 의심스러운 경우에 수술을 하지만 환자 중 일부는 충수가 정상인 것으로 확인되는 경우도 있다. 너무 신중을 기하다 보면 시기를 놓쳐 큰 문제가 발생할 수 있기 때문에 정상인 환자를 수술하는 경우도 생기는 것이다.

타마라에 대한 수술이 시작되었으며, 통상적인 충수염 수술과 다를 것이라고 예상할 아무런 이유가 없었다. 집도의사는 충수를 쉽게 관찰할 수 있었다. 정상이었다. 단지 맨 끝부분에 약간의 염증이 있을 뿐이었다. 충수의 일부에만 염증이 생기는 것은 이상한 일이다. 전체 염증이거나 아니면 염증이 없어야 한다. 충수의 끝부분은 창자에 부착되어 있었는데 그 반대편에는 나팔관과 난소가 붙어 있었다. 마치 붉은색 풍선껌이 이러한 장기들에 엉겨붙어 염증 덩어리를 만든 것 같았다. 의사가 뭉쳐진 장기들을 수술칼로 떼어내자 고름이 흘러나왔다. 고름 때문에 소녀의 증상이 나타난 것으로 보였다.

그 부위의 고름을 제거하고 식염수로 씻어내자 수술 시야에서 원통형 물체가 눈에 보였다. 35밀리미터 코닥 흑백필름 빈 통과 뚜껑이었다. 그 물체가 어디에서 왔는지 검사했더니 질 벽을 통해 복강으로 나온 것이었다. 그곳에서 염증을 일으키고 충수염 비슷한 증상을 나타낸 것이었다. 수술이 끝났다. 어리둥절해진 의사는 환자의 설명을 기다렸다.

어떻게 빈 필름통이 자신의 젊은 환자 뱃속에 들어가 있었을까?

당황한 소녀는 3년 전 빈 필름통을 자신의 질 속에 넣었던 이야기를 했다. 월경을 감추기 위해서였다. 그러나 소녀는 그 플라스틱 통을 다시 꺼낼 수 없었고 그 일을 까맣게 잊어버렸다. 그리고 3년이 지난 다음 그 통이 다시 모습을 드러낸 것이다.

전기울타리의 전기충격을 즐기는 남자

브라이언은 스물네 살의 남성으로 현재 복용 중인 항우울 약제를 중단하기 위해 정신과 의사를 찾았다. 3년 전부터 우울증을 앓아온 그는 대학 신입생 때 점차 주위로부터 고립되기 시작했고 강의에도 출석하지 않게 되었다. 그는 기숙사 친구들과도 어울리지 않았다. 한밤중에 대학 운동장을 배회하는 모습이 자주 보였으며, 덥수룩한 머리를 하고 혼잣말을 했다. 종이비행기를 머리 위로 들고 빙빙 돌리기도 했다. 대학에서는 그를 도와주기 위해 많은 노력을 기울였지만 별 소용이 없었다. 그는 결국 대학을 그만두게 되었다.

브라이언은 부모님이 살고 있는 대규모 목장으로 돌아갔다. 그는 자기 방에 틀어박혀 지내며 부모님도 들어오지 못하게 했다. 어머니는 끼니 때마다 식사를 방문 앞에 놓고 돌아가서 제발 자신의 외

아들이 회복되도록 기도할 수밖에 없었다. 그는 보이지 않는 귀신이
나 악령들 외에는 누구와도 이야기하지 않았다. 그의 겉모습도 점점
더 부스스하게 변했다. 목욕과 양치를 중단했으며 얼굴에는 표정의
변화가 없었다.

자신을 뱀파이어라고 믿으며 햇빛을 피해 생활한 지 한 달이 지
났을 때 그는 날고기를 요구했고 검은 망토를 입었다. 그는 침실 창
문에도 검은색 종이를 발랐다. 밤마다 그의 방에서는 중얼거리는 이
상한 소리가 들렸다.

어느 날 아침 그의 아버지는 암소 한 마리가 목장에 죽어 있는 것
을 발견했다. 목 부위의 거친 상처들에서는 피가 어지럽게 흘러나와
있었다. 경찰이 왔고 머리카락이 진득하게 엉겨붙은 채 브라이언은
소리를 지르며 앰뷸런스에 실렸다. 그 지역 정신병원에 입원한 몇
개월 동안 병원에서는 우울증 진단 하에 여러 가지 약물들을 그에게
투여했다. 강력한 정신 안정제인 티오리다진(Thioridazine)을 복용
하며 매주 근육주사를 맞았고, 지속성 전기충격 치료를 하여 마침내
상태가 안정되었다.

세 달이 지나자 그의 행동은 정상화되었고 안정된 상태로 퇴원할
수 있었다. 그는 계속해서 부모와 함께 살았으며 겉보기에는 정상이
었다. 식당에 일자리를 얻은 그는 환상이나 망상에 시달리지 않고
편안하게 잘 지냈다.

브라이언은 복용 중인 약물을 중단하고자 했지만 자기 임의대로
하다가는 정신 건강에 문제가 생길 수 있다는 사실도 이해하고 있었
다. 그래서 그는 참신한 계획을 세우고 실행에 옮겼다. 그로부터 6

개월이 지나자 이제 자신이 생겼다. 약제 중단문제를 논의하기 위해 정신과 의사에게 상담을 요청하고 약속을 잡았다.

"안녕" 브라이언은 손을 살짝 흔들며 비서에게 인사했다. "11시에 만나기로 했습니다."

"휴스턴 박사님은 조금 있으면 오십니다." 비서가 대답했다. "잠시 앉아서 기다리시겠습니까?"

브라이언은 대기실 구석의 의자에 앉았다. 다른 환자는 없었다. 정신과의사들은 보통 대기실에 두 명의 환자를 기다리게 하지 않는다. 다른 사람에게 정신병자로 보이기를 원치 않는 환자에 대한 배려다. 브라이언은 별로 걱정을 하지 않았다. 그는 행복하고 아무 문제가 없었다. 대기실은 연한 핑크색 벽지를 바른 작은 방이었다. 다양한 종류의 잡지가 구비되어 있어서 환자들이 원하는 잡지를 읽을 수 있었다. 브라이언이 자리에 앉자 비서는 짙은 박하향을 맡을 수 있었다.

휴스턴 박사가 왔다. 그 역시 방 안 공기에서 박하향을 맡았다. 그는 방문의 손잡이를 잡은 채 브라이언에게 상담실 안으로 들어오라고 불렀다. 아담하고 산뜻하게 꾸며진 방이었다. 한쪽 벽면은 책으로 가득 찬 책장이었으며, 반대편 벽면에는 초원 그림이 걸려 있었다. 브라이언은 갈색 가죽 소파 가운데 앉았고, 휴스턴 박사는 환자와 대각선으로 위치한 크고 깊은 의자에 앉았다. 쉰 살인 그는 짧은 갈색 머리카락이 가운데의 대머리 주위를 둥글게 둘러싸고 있었다. 길고 뾰족한 얼굴에 작은 안경을 쓴 그의 손에는 파일이 들려져 있었는데 브라이언의 의무기록이 그 속에 있었다.

브라이언은 머리카락을 깔끔하게 뒤로 넘긴 모습이었다. 휴스턴 박사는 브라이언이 만화영화에 나오는 고양이 실베스터처럼 꾸몄다고 생각했다. 그는 브라이언의 이마 가운데에서 채찍 자국 같은 상처를 보았다. 진한 박하향이 작은 상담실 안을 가득 채우고 있었다.

"브라이언, 잘 지냈나?" 의사가 말문을 열었다.

브라이언은 양쪽 팔꿈치를 무릎 위에 올리고 앞으로 기댔다. 휴스턴 박사는 박하향으로 인해 눈에서 연신 눈물이 흘렀지만 브라이언의 미소 띤 얼굴은 냄새를 전혀 인식하지 못하는 것처럼 보였으며 이마 한가운데 난 흉터에도 신경을 쓰지 않았다. 휴스턴 박사는 환자가 하는 이야기에 집중할 수 없었다.

"이제 약을 그만 복용했으면 합니다." 브라이언이 말했다. "많이 좋아졌고, 엄마와 아빠도 더 이상 걱정을 하지 않습니다. 제가 다 나았다고 생각하시죠. 더 이상 환청이나 환영도 나타나지 않구요. 그래서 약을 끊고 싶은데 어떻게 해야 하는지 알려주세요. 차츰 줄여야 합니까 아니면 한꺼번에 중단해도 됩니까?"

"어떻게 해서 그런 생각을 하게 되었나?" 의사가 물었다. "약이 그렇게 잘 듣고 있는데 왜 끊을 생각을 하나?"

"지금까지 혼자 실험을 해 왔습니다." 그는 비밀스럽게 그러나 솔직히 대답했다. "말씀드려야 할 것 같군요. 아시다시피 전기충격 치료는 제게 효과가 좋았습니다. 그렇지만 선생님은 그 치료를 지속적으로 할 생각을 하지 않으셨지요. 그래서 제가 스스로 할 결심을 했습니다."

그 청년은 자신에게 전기충격 치료를 해왔다. 부모님의 목장을 둘러싼 전기울타리를 이용했는데, 울타리의 전선에 흐르는 전기를 통제할 수 있는 장치를 만들었다. 그리고 매주 이마를 씻고 박하액을 바른 다음 목장 울타리 앞에 쪼그리고 앉았다. 박하액이 전선과 피부의 접촉을 좋게 만들어줄 것이라는 생각에서였다. 이마를 전선에 접촉시키면 즉시 정신을 잃고 쓰러지면서 짧게 간질발작을 했다. 이렇게 하면 다시 활력이 생기는 것 같았기 때문에 그는 매주 이러한 행동을 반복했다. 부모님은 정신건강이 회복되었다는 아들의 말을 믿었지만 그것이 목장 울타리와 관계있으리라고는 꿈에도 생각하지 못했다.

전기충격 치료(ECT)는 뇌에 작은 전기충격을 주어 자극하는 방법으로 환자에게 간질발작이 짧게 나타난다. 이것은 뇌의 화학적 신호를 일시적으로 변화시켜서 여러 가지 유익한 효과를 나타낼 수 있다. 실제로 심한 우울증으로 불면증에 시달리거나 자살을 시도하는 환자들의 치료에 특히 효과가 있는 것으로 증명되고 있다. 보통 일주일에 두세 번씩 10차례 시행하는데 대부분의 경우 입원하여 치료한다. 회복은 빠르지만 단기기억에 손상이 오거나 두통 등의 부작용이 발생할 수도 있다.

보통사람들은 프랑켄슈타인과 그의 조수가 환자들에게 강제로 야만적인 쇼크를 가하는 모습을 생각하거나 전기고문 등을 연상할 것이다. 정신과 영역의 중요한 치료인 이러한 전기충격 치료에 대해 보통사람들이 가지는 편견에는 영화의 영향이 컸다. 그 결과 자생적으로 전기충격 치료를 반대하는 조직들이 많이 생겨나 정신질환에 대한 치료 선택을 제약하려고 한다. 말 많고 시간 많은 사람들이 정신과 영역의 치료에 편견을 가지고 이러쿵저러쿵 많은 비난을 하지만 전기충격 치료는 심한 우울증 등의 정신질환 치료에 분명한 역할을 하고 있다.

결국 브라이언의 부모님은 목장의 울타리에서 전기를 차단하기로 결정했다.

자신을 여자라고 여긴 한 남자의 악몽

한 남자가 응급실 대기실에 앉아 기다리고 있었다. 그의 모습은 조금 독특했다. 그는 하늘색 카프리 바지와 그에 어울리는 상의를 입었으며 밝게 칠한 손톱은 잘 손질되어 있었다. 얇고 빠른 호흡에 맞춰 가슴이 규칙적으로 흔들리고, 한쪽 다리를 다른 쪽 위에 올린 자세로 앉아서 불안한 듯 발목을 흔들고 있었다. 가늘고 뾰족한 얼굴에 비해 머리카락이 너무 길었고, 속눈썹은 짙게 화장한 눈 위에서 길게 흔들렸다.

토요일 밤의 응급실에는 온갖 일들이 벌어지고 있었다. 술에 취한 사람들, 마약중독자들, 심장발작을 걱정하는 비만의 환자들, 자동차사고로 피투성이가 된 환자들이 걷거나 실려서 혹은 끌려서 응급실로 들어왔다. 응급실에서는 심각한 환자들부터 먼저 처치했다.

스테파니라는 애칭을 더 좋아하는 스테판은 말을 하고 싶었다. 기다리는 일은 끔찍하게 싫었고, 응급실 소음은 더 이상 참을 수 없을 정도로 힘이 들었다. 두 시간을 기다리는 동안 10명도 넘는 환자가 그를 앞질러 치료받았다. 그는 가져왔던 주방용 칼을 꺼내 쥐고는 밖으로 내달렸다. 마음속에 폭풍이 휘몰아쳤다. 불만은 극에 달했고, 화가 나서 의식이 혼미해졌다. 병원 주차장에서 그는 스스로 자신의 성기를 잘랐다. 마음속으로는 수천 번을 시도했던 행동이었다. 이미 5년 동안이나 수술을 기다려 왔다. 이제 그는 충동을 실천에 옮겼다.

그는 소리를 지르고는 피를 콸콸 쏟으며 고꾸라졌다. 잡역부인 로이가 그 장면을 처음 목격했다. 그는 거의 다 타들어간 담배를 아쉬운 듯 빨아들인 후 수액병 수레를 끌고 돌아가려던 중에 그 남자(혹은 여자)의 미친 행동을 보았다.

로이는 응급실 입구로 달려갔다. "어떤 놈이 주차장에서 자기 몸에 칼을 찔렀어! 온통 피범벅이야."

응급실 간호사는 마치 피냄새를 맡은 상어처럼 이동침대를 잡고는 환자를 향해 달려갔다. 눈에 들어온 장면은 그리 놀랍지 않았다. 스테파니는 태아의 자세를 하고 옆으로 누워서 낮게 신음하고 있었다. 그의 사타구니로부터 선홍색 피가 뿜어 나왔다. 옆에는 일그러진 골프공 같은 것들이 버려져 있었다. 그의 고환이었다. 성도착자였던 스테판은 자신의 해부학적 성별을 찾기 위해 정부에서 수술해 주기를 오랫동안 기다려왔다. 그러나 기다리는데 지쳐 자신의 손으로 문제를 해결하기로 결심했다. 스스로 거세한 것이다. 자세히 살펴보니 그의 성기가 찢어져 있었다. 그는 갑자기 너무 많은 피를 흘려 쇼크 상태가 되었기 때문에 자신이 하고자 한 과제를 완수할 수 없었다.

어릴 때부터 스테판은 자신의 성적 정체성 문제로 고통을 받았다. 10대가 되자 그는 자신이 남자의 몸을 타고난 여자라고 확신했다. 8년 전부터는 에스트로겐을 복용하기 시작했다. 여자가 되고자 하는 욕망에서 유방확대 수술도 받았지만 남성 생식기가 큰 장애물이었다. 결국 그것을 제거해버리기 전까지는 절대 여자가 될 수 없다고 생각하게 되었다.

다행히 고환동맥은 말단 동맥이어서 고환 외의 다른 곳에는 혈액을 공급하지 않는다. 이 동맥은 절단되면 수축하여 저절로 막히기 때문에 생명이 위험할 정도의 출혈은 거의 없다. 스테판은 치료받고 병원에서 퇴원했다. 자신의 몸을 자르는 행동은 대부분 정신병적 상태에서 일어난다. 그가 더 이상 병원에 다니지 않았기 때문에 그 후 어떤 성적 정체성을 가지고 살았는지는 알 수 없다.

부인의 방광 속으로 사라진 체온계

아이가 없는 서른여섯 살의 여성이 임신을 원했다. 10년 이상 사회생활을 한 다음 그녀는 자신이 아이를 간절히 원하고 있음을 알게 되었다. 임신을 위해 한 달 동안 갖은 노력을 기울인 끝에 그녀는 임신을 향한 항해를 시작했다. 그러나 많은 시도를 했음에도 4개월이나 지나도록 임신이 되지 않았다. 그녀는 이른 아침에 일어나자마자 자신의 체온을 측정하기 시작했다. 수태 가능성을 높일 수 있으리라는 기대에서였다.

배란은 여성의 난소에서 난자가 배출되는 것을 말하는데, 두 개의 난소 중 하나에서 신체의 호르몬 신호에 반응하여 난자를 배출한다. 남성들이 방출한 정자는 자신들의 생존 목적을 완수하려는 목적에서 서로 경쟁하며 올라가고, 난자는 이러한 정자들의 무리와 만날 것을 기대하며 나팔관을 따라 내려간다. 고환에서 한 달에 수천만 개씩 생산되는 정자와는 달리 여성이 평생 배출할 수 있는 난자의 수는 태어날 때 정해져 있다. 여성들은 난자의 수를 증가시킬 수 없다. 그러나 그 수는 폐경기가 되어 임신능력이 없어질 때까지 배출시키고도 남을 만큼 충분하다.

배란 때는 체온이 약간 올라간다. 그래서 정확하지는 않지만 고대부터 여성의 적정한 '수태 가능' 날짜를 결정하기 위해 매일 체온을 측정하여 기록하는 방법이 사용되어 왔다. 체온은 신체의 여러 부위에서 측정할 수 있으며, 체온이 오르면 성공 가능성이 높다. 그러나 남편은 이른 아침에 기계적으로 하는 섹스가 지루했다.

6월 중순의 어느 날 체온을 재기에는 너무 이른 시각에 알람시계가 울렸다. 쑥대밭 같은 머리를 한 아내는 비몽사몽간에 침실탁자 맨 위 서랍에 넣어둔 체온계를 꺼냈다. 잠에서 덜 깬 남편은 아내가 저체온 상태이기를 바랐다.

그녀는 침대 모서리에 앉아서 자신만의 의식을 거행했다. 지난달 《코스모폴리탄》 잡지에는 질에서 측정하는 것이 몸 깊숙한 곳의 체온을 가장 잘 나타낸다는 글이 실려 있었다. '전문가' 들은 체온이 0.1에서 0.2도 정도로 약간만 올라가도 자궁이 넓어진 상태를 나타낸다고 말했다. 반쯤 감긴 눈으로 그녀는 체온계를 삽입했다. 그리고 몇 분 후 전자체온계의 삐― 하는 발신음을 들었다. 수치를 읽기 위해 체온계를 꺼내려던 아내의 눈이 커졌다. 그녀는 낮은 목소리로 급히 남편에게 말했다.

"체온계가" 그녀는 말했다. "체온계가……" 목소리가 떨렸다.

"여보, 체온계가 없어졌어요."

남편은 침이 묻은 베개에서 졸린 머리를 간신히 들어올렸다. "좋은 일이군." 남편이 말했다.

"여보, 체온계를 분명히 몸 안에 넣었는데 못 찾겠어요." 그녀는 울먹였다.

"아, 나는 못 찾겠어, 몸을 꼼짝할 수도 없는걸." 남편이 심드렁하게 중얼거렸다.

그녀는 욕실로 달려가서 작년 여성해방 심포지엄 전에 구입해 두었던 특수 거울을 사용해서 살펴보았다. 체온계는 없었다.

'아마 빠져나갔을 거야.' 그녀는 생각했다. 번쩍 정신이 든 그녀는 멋진 원단카펫에 눈이 붙을 정도로 자신의 침대 주위를 샅샅이 찾았다. 손으로 더듬기도 했지만 체온계는 어디에도 없었다.

"옷 입어요, 여보." 그녀가 소리를 질렀다. "체온계가 내 몸 속에 박혀 있단 말예요. 지금 함께 병원에 가야 해요."

"왜 함께 가야 하지?" 남편이 항변했다. "오늘은 토요일이야. 나는 잠을 좀 더 자고 싶으니, 당신 혼자 먼저 가고 나중에 병원에서 만나요."

"여보, 일어나." 그녀가 이를 악물고 짧고 낮은 목소리로 말했다. 남편은 어쩔 수 없이 고분고분 일어나야만 했다.

그녀는 병원에서 자신의 이야기에 깔깔대고 웃는 접수간호사를 용감하게 대했다. 진찰실에서 그녀는 진찰 테이블 위에 올라가 양다리를 등자 위에 걸쳤다. 의사는 금속제 질경(膣鏡)을 이용해서 살펴보았다. 역시 없었다.

“안 보입니다.” 의사가 말했다. “없어진 게 확실해요?”

“네, 그래요.” 그녀가 조급하게 말했다. “분명히 그 안에 있고, 다른 곳에 있을 리가 없어요. 카펫과 욕실도 구석구석 찾아봤는걸요. 더욱이 분명히 그곳에 있는 게 느껴져요.”

“그러면 X−선을 한 번 찍어봅시다.” 의사가 가벼운 마음으로 말했다. “최소한 침대 시트 어딘가에 묻혀 있지 않다는 것을 확인할 수 있겠죠.”

X−선으로 체온계가 골반 내에 옆으로 놓여 있는 것이 확인되었다. 그러나 정확한 위치는 알 수 없었다. 의사는 다시 한 번 검사했다. 손가락으로도 만져지지 않고 질경검사로도 확인되지 않았다. 결국 골반초음파검사를 의뢰했다. 체온계는 방광 내에 산뜻하게 들어가 있었다. 비몽사몽 상태에서 체온계를 엉뚱한 곳에 삽입했던 것이다.

비뇨기과 의사에게 의뢰했다. 그는 환자를 전신마취시킨 상태에서 방광경이라는 기구를 이용해 체온계를 제거했다. 의사는 그 여성에게 앞으로는 입 안에서 체온을 측정하는 것이 좋겠다고 말하고, 그래도 계속 질에서 측정하려면 말짱한 정신 상태에서 재라고 권했다. 9개월 후 그 여성은 쌍둥이를 얻었다.

출혈이 없는 부상 뮌하우젠증후군

스물일곱 살의 남성이 일요일 이른 아침부터 건설현장에서 일하고 있었다. 오전 4시였으며 노동자들은 고속도로에서 몇 시간의 노동으로 지친 상태였다. 많은 노동자들이 술을 마시거나 동료들과 떠들고 있었다. 휴식하는 시간이 점점 더 많아졌다. 그러나 레기는 일을 계속했다. 술을 마시지도 떠들지도 않고 이른 아침의 고요를 즐겼다.

다른 노동자들이 도로 옆에서 반쯤 잠든 상태로 앉아 있을 때 레기의 비명소리가 들렸다. 사람들이 일어나 그에게 다가갔다. 주위에 지나가는 차는 보이지 않았다. 그는 얼굴을 아래로 한 채 길 위에 엎어진 상태였다.

"차에 치였어." 그중 한 명이 말했다. "앰뷸런스를 불러, 레기가 움직이지 않아. 레기, 레기!"

그러나 반응이 없었다. "죽은 것 아냐?" 옆에 모인 여덟 명 중의 한 명이 들고 있던 맥주병에서 맥주를 마시며 말했다.

"차는 어디 있어?" 다른 노동자가 쓰러진 동료 옆으로 달려오며 물었다. "그 자식, 멈추지 않고 도망갔나 봐."

레기는 여전히 얼굴을 아래로 향한 채였다. 의식이 없거나 죽은 것처럼 보였다.

그들 중 한 명이 그를 돌려 눕히려 했다. "움직이면 안 돼, 이 바보야!" 누군가 소리쳤다. "TV에서 봤는데 그러면 죽을 수 있어."

"이미 죽은 것 같아. 우리 술마셨다고 체포될지도 몰라. 빌어먹을 술병들을 다 치워버리자."

몇 분 후 앰뷸런스가 도착했다. 구급요원 두 명이 차에서 뛰어내려 죽은 듯 보이는 몸뚱이로 다가갔다. 그러나 숨을 쉬고 있었으며 맥박과 혈압도 정상이었다.

"다친 것 같지는 않아." 그중 한 명이 말했다.

"둔기 손상이거나 뇌가 엉망이 되어버렸을 거야. 일단 여기서 할 수 있는 처치를 하자." 깨진 유리 파편 위에서 발자국을 떼며 동료가 대답했다.

그들은 굵은 정맥주사선 두 개를 확보했다. 주사바늘이 찌르고 들어갈 때 그가 움츠렸다. 그가 차에 부딪칠 때 비명을 지른 후 처음으로 나타낸 생명의 증후였다. 경찰이 현장에 와서 사고 지역에 비상선을 치고 차단했다. 경찰은 자동차 페인트 흔적으로 차종을 확인할 수 있으리라고 생각했다. 일요일 오전의 뺑소니였다. 파티가 끝나고 집으로 향하던 음주운전 차량이었을 것이다.

경찰은 동료 노동자들에게 질문을 하고 집으로 돌려보냈다. 그들의 진술은 다양했다. 그들에 의하면 가해 차량은 초록색 BMW 혹은 검은색 콜벳이었다. 한 사람은 화물트럭이 그에게 달려드는 것을 보았다고 말했지만 출혈이 없었다. 경찰은 노동자들이 음주 상태임을 알았다.

조용한 응급실에 외상 전용 전화가 울리고 응급팀이 환자를 받을 준비에 들어갔다. "스물다섯 살 정도의 남성, 고속도로 공사장에서 차에 부딪침, 의식 없고 언어반응 없음, 운동반응 없음, 정맥주사선 두 개 확보, 기도장비 삽입 안 함, 도착 예정시간 10분 후."

응급실에 도착하여 제공된 정보가 확인되었다. 글래스고우 혼수 척도는 5/15였다. 글래스고우 혼수 척도(Glasgow coma scale)란 신경학적 손상을 입은 환자의 의식 상태를 객관적으로 측정하기 위해 개발된 도구로 외상 환자들에게 많이 이용된다. 지시와 언어 그리고 자극의 세 가지 범주에 대한 운동반응을 측정하여 점수를 부여하는 방법이다. 점수가 낮을수록 신경학적 회복의 예후가 나쁘다.

레기는 언어와 운동반응 모두 없었다. 알코올 냄새도 약간 났다. 그는 외상 처치방에 누워 있었으며 많은 의료진들이 그를 둘러싸고 바쁘게 움직였다. 그러나 겉으로 드러난 손상은 없었다. 통상적 검사 과정으로 척추와 가슴 그리고 골반의 X-선을 촬영했다. 모두 특별한 이상이 없었다. 담당 의사는 심각한 머리 손상이 있을 것으로 추정했지만 겉으로 아무런 외상도 드러나지 않아 의아하게 생각했다. 의사는 환자의 머리 부위 CT 촬영을 지시했다. 그는 응급실에서 운전 중 심장발작이나 뇌졸중이 발생해서 가까운 가로수나 배수로 쪽으로 돌진했던 운전자들도 많이 보았다. 레기에게 간질발작이나 비슷한 어떤 상황이 발생했을 수도 있다. 그러나 CT는 정상이었다.

30분이 지나자 그는 점차 회복되는 듯했다. 몇 마디를 어지럽게 중얼거렸다. "차, 차가……불빛이……."

뭔가 이상했다. 이런 상황을 잘 아는 노련한 간호사 한 명이 레기의 팔을 잡아 얼굴 위로 들어 올렸다. 마비된 것처럼 보이는 팔이었다. 간호사가 들었던 팔을 놓아 떨어뜨렸다. 정말 마비가 되었다면 팔이 떨어지며 얼굴을 때리게 되는 것을 막을 수 없다. 하지만 레기의 팔은 코에 부딪치기 전에 기적적으로 떨어지는 경로를 변경했다. 무의식적인 보호반응이었다. 간호사는 모두가 볼 수 있도록 다시 한 번 똑같은 행위를 시도했다. 같은 결과가 나왔다. 그러자 모든 의료진이 진짜 환자들에게 가기 위해 그 방을 떠났다.

레기는 이제 목에 채워졌던 척추보호대가 제거된 상태로 경찰을 마주했다.

"자, 레기 씨, 시간낭비 말고 일어나세요. 우릴 속이고 있는 걸 압니다."

레기는 이제 깨어나서 의식을 되찾았다. 하지만 자동차와 자신을 향해 비치던 헤드라이트 불빛 외에는 지난밤에 대한 기억이 없다고 주장했다. 그의 말을 들어주던 사람들은 모두 가 버렸고 그에게 비용을 부과시킬 생각을 하는 경찰 두 명만이 남았다. 결국 레기는 여자친구와 함께 응급실을 떠나 출입문을 향해 절룩거리며 걸어갔다.

인근의 네 개 병원에서 그의 의무기록지를 검토한 결과 사실이 드러났다. 그는 지난 8년 동안 23차례나 입원했지만 한 번도 질병이 확인된 적이 없었다. 두 달 전에 소변이 이상하다며 입원한 병원에서는 자신의 소변에 피를 섞은 사실이 확인되어 즉시 퇴원조치 된 적도 있었다. 다섯 달 전에는 트럭에 치였다며 다른 병원에 입원하기도 했다. 레기는 뮌하우젠증후군이었다.

뮌하우젠증후군은 1951년에 처음 알려졌다. 19세기 여행가였던 바론 폰 뮌하우젠(Baron Von Munchausen)은 자신이 환상적인 여행을 했다며 그 상세한 이야기를 떠벌리고 다녔다. 신체적 병환의 증거가 발견되지 않는데도 자신에게 병이 있다고 주장하는 사람들은 이와 비슷한 정신과적 문제일 수 있다.

나이 차이가 많은 부부의 미스터리

일흔다섯의 부유한 남성이 여러 가지 신경학적 문제를 호소하며 병원을 찾았다. 그는 한 달 전부터 몸이 안 좋았는데 증상이 점점 더 심해졌다. 발열과 복통, 설사가 있었으며 흉부 X-선에는 반점이 보였고 몸에 힘이 없어졌다. 말초신경에 문제가 있어 팔과 다리에서 감각을 제대로 느끼지 못했다.

전문의들은 온갖 진단명을 제시했지만 증상과 일치하는 진단은 하나도 없었다. 비타민 등의 약제와 함께 항생제와 스테로이드를 몸 안으로 쏟아 부었다. 입원한 지 한 달이 지나 증상이 좋아진 그는 퇴원하여 집에서 사랑스런 아내 안나의 간병을 받게 되었다.

한 달 후 그는 병원에 다시 입원했다. 증상이 점점 더 심해져서 위험할 정도였다. 신체 위치감각 기능이 없어져서 걷기도 어려웠다.

위치감각은 자신의 신체 부위가 공간의 어디에 위치해 있는지를 눈
을 감고도 인식할 수 있게 하는 기능을 하며 자세감각이라고도 한
다. 만약 자신의 다리가 공간의 어디에 있는지 '느끼지'·못한다면
걷기 어려울 것이다. 그의 젊은 아내가 그를 휠체어에 태워 병원으
로 데려온 후 아이들을 돌봐야 한다며 돌아갔다.

그는 반사기능이 소실되었고 손과 발의 감각도 없었다. 몸은 앙
상하게 뼈만 남은 듯했으며 메마르고 약한 목소리를 냈다. 통증이
있었지만 정신은 깨끗했다. 배가 불편하여 허리를 구부린 자세를 하
고 물 같은 설사가 계속 나왔다.

병리검사에서는 범혈구감소증으로 나왔다. 즉 그의 모든 혈
구―적혈구(빈혈), 백혈구, 그리고 혈소판―수치가 낮았다. 혈액
도말의 현미경 사진에서는 변형지방세포, 호염기성반점, 농축핵,
하우웰–졸리 소체(Howell-Jolly bodies) 등이 보였다(모두 다 좋지 않
은 소견들이다!). 진찰에서 나타난 가장 이상한 소견은 손톱과 발톱
에 가로방향으로 생긴 흰색 선, 즉 미즈 라인(Mee's line)과 딱딱하
고 두꺼워진 손바닥, 그리고 발바닥에 각질이 생기는 각질비후증
(hyperkeratosis) 등이었다.

환자와 좀 더 깊이 이야기를 해 가자 그는 머뭇거리면서 아내가
자신을 죽이려 하는 것 같다고 털어놓았다. 그는 거의 쉰 살 차이가
나는 여자와 결혼했고 아내는 곧 세 명의 아이를 낳았다. 아이들은
보모를 비롯한 다른 보호자들이 돌보았다. 아내는 계속해서 자신을
멀리했고 각자 다른 침실에서 잤다. 그녀가 혼자 자는 밤은 길었으
며 가족들과 함께 보내는 시간은 거의 없었다. 1년 전 그는 사립탐

정을 고용해서 아내의 뒤를 밟게 했다. 예상한 것처럼 아내가 수많은 남성(그리고 여성)들과 간통하는 증거가 수집되었다. 증거를 제시하자 아내는 그에게 자식들과 떼어놓겠다고 위협하고 법정에서도 나이 많고 허약한 남편에게 자녀 양육권을 주지는 않을 것이라고 으름장을 놓았다.

그는 결사적으로 어린 자식들을 놓치지 않으려 했다. 아내가 그에게 식사를 준비해주기 시작하자 그는 무언가 일이 진행되고 있는 듯한 느낌이 들었다. 그때부터 아프기 시작했다. 처음에는 믿지 않았지만 분명한 사실이었다. 그녀는 일을 꾸미고 있었다.

머리카락과 소변, 그리고 손톱의 분석을 포함해 여러 가지 검사를 실시했다. 비소중독이라는 진단이 내려졌다. 지역경찰에서 집중적으로 심문하자 젊은 아내는 사실을 인정했다. 그녀는 몇 달 동안 그의 저녁식사에 상당한 양의 비소를 넣어왔다. 비소를 구한 출처는 끝내 확인되지 않았지만 살충제에서 나왔을 것으로 추정되었다.

비소는 지구 표면에 자연적으로 존재하는데, 결합하는 물질에 따라 유기물 혹은 무기물의 형태로 존재한다. 무기물 비소는 목재 보존재로, 그리고 유기물 비소는 살충제로 이용된다. 일부 국가에서는 축산업에서 가축을 '살찌우기' 위해 먹이기도 한다. 과학자들 중에는 비소가 정상적인 인체 기능을 위해 극소량이지만 필요한 물질이라고 생각하는 사람들도 있다. 빅토리아 시대의 영국에서는 비소가 약제로 흔히 사용되어 '파울러 박사 용액(Dr. Fowler's solution)'으로 만들어지기도 했다. 바닷물 속에 자연적으로 존재하기 때문에 특히 새우나 굴 등의 해양동물들에서는 비소가 많이 검출된다.

우리 신체에서는 혈액, 손톱, 그리고 머리카락 등에서 비소의 수치를 측정하는데 이런 부위에 비소가 축적되기 때문이다. 다른 장기에도 비소가 축적될 수 있으며, 소아암(특히 신장암)과의 관련성도 밝혀졌다. 비소를 만성적으로 섭취할 때 발생할 수 있는 독성은 다양하게 비특징적 증상으로 나타나기 때문에 진단이 매우 어렵다.

환자에게 킬레이션(Chelation) 치료를 시행했다. 킬레이션 치료는 환자에게 EDTA라는 화합물을 정맥주사를 통해 투여하고, EDTA는 몸 안에서 비소와 같은 중금속들과 결합한다. 그리고 EDTA-비소 결합체는 소변으로 배출된다. 킬레이션 치료는 흔히 특정 형태의 심장병 치료에서 대체요법으로 거론되지만 그 비용이 매우 비싸고 효과도 입증된 적이 없다.

캐나다 법정은 아이들을 위한 최선의 방법으로 엄마에게 아이들의 양육권을 부여하도록 판결했다. 아버지에게는 매달 3만 달러의 양육비가 부과되었고, 아이들을 만날 권리도 인정되지 않았다. 그의 몸에서 비소 수치가 매우 높게 나타난 이유는 설명되지 않았으며 아내에게 어떤 책임도 묻지 않았다.

그 노인은 모든 일을 그만두고 자신의 전 재산을 자선재단에 기부했다.

그녀의 머릿속에 벌레가 기어다니고 있다

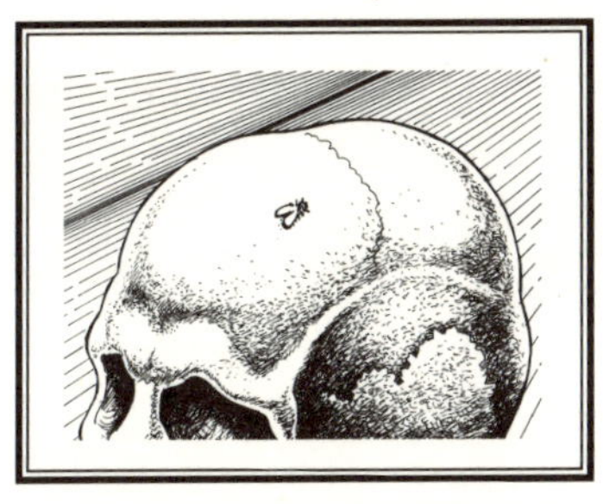

마흔두 살의 미국 여성이 4개월 예정으로 자신의 고향인 자메이카를 여행하던 중 발열과 오한, 피로감, 그리고 두피에 심한 종기가 생겨 미국으로 되돌아왔다.

자메이카에 있을 때 그녀는 머리를 곤충에 물려 고생했다. 그때 생긴 종기가 잘 낫지 않아 아프고 가려웠다. 몇 주 후에는 그 부위에 궤양까지 발생했다. 잠을 자려고 할 때마다 머릿속에 뭔가 기어다니는 느낌으로 괴로웠다. 그는 자메이카의 수도인 킹스턴의 병원을 찾아서 항생제 연고와 먹는 약을 처방받았다. 그러나 약은 듣지 않았고 그녀의 고통은 계속되었다. 마침내 그녀는 여행을 중단하고 집으로 돌아가서 병원에 가기로 결정했다.

힘든 비행기 여행을 마치고 공항에 내린 그녀는 택시를 타고 대학병원으로 갔다. 응급실에서 그녀의 상태는 좋지 않았다. 맥박과 호흡이 빠르고, 약간의 저혈압이 있었으며 체온도 높았다. 의사는 패혈증(혈액에 세균이 감염된 상태)을 의심하고 그녀를 입원시켜 페니실린과 겐타마이신을 정맥주사로 투여하기 시작했다. 두피에 발생한 감염에서 비롯된 것으로 보였다. 그러나 3일이 지나도 두피는 빨갛게 부어오른 상태 그대로였으며, 검은색의 커다란 괴사성 종양이 세 군데나 생겼다. 닿기만 해도 깜짝 놀랄 정도로 아파서 손가락이 닿을 때면 커다란 비명소리가 병동 전체에 울려퍼졌다.

"머리에 손대지 말아요." 그녀가 비명을 질렀다.

"끔찍하게 아프고 스멀스멀해서 미칠 것 같아요. 머릿속에서 뭔가가 기어다니고 있나 봐요."

"미안해서 어쩌나." 간호사가 말했다. "머리를 소독해야 되는데."

간호사는 조심조심 두피를 소독하고 두피에 생긴 검은색 상처에 거즈를 붙였다. 여러 날 동안 항생제를 투여하고 상처를 치료했지만 열이 떨어지지 않았다. 결국 수술로 감염된 두피에서 죽은 조직을 제거하기로 했다.

다음날 수술실에서 의사는 그녀의 두피에 소독포를 덮고 처치할 부위를 베타딘으로 닦았다. 괴사되어 궤양이 생긴 두피 부위를 절개하고 죽은 조직들을 제거하기 시작했다. 죽은 조직들을 긁어내기 위하여 금속제 소파기를 상처에 가져가는 순간 뭔가 꿈틀거리는 것이 눈에 들어왔다. 상처에서 소파기를 떼어내자 구더기 한 마리가 소파기 끝에 대롱대롱 매달려 나왔다. 정말로 괴기스런 모습이 눈앞에 드러났다.

그녀의 두피 깊숙이 애벌레들이 침투해 있었다. 온통 벌레였다. 보조하던 소독 간호사가 토할 것 같아 수술실 밖으로 뛰어나갔다가 대야를 가져와서 의사에게 전했다. 의사는 구더기를 바닥에 던져서 짓이겨 버릴까 생각했다. 그러나 그는 목까지 치밀어 오르는 구역질을 이겨내고 그녀의 두피 안에서 구더기를 한 마리 한 마리 뜯어냈다. 두 시간 동안 모두 44마리가 나왔다. 구더기들은 대학의 기생충학교실로 보냈다. 코클리오미아 호미니보락스(*Cochliomyia hominivorax*)라는 학명을 가진 파리의 애벌레로 확인되었다. 신세계 나사벌레라고도 부르는 종이었다.

그녀는 패혈증에서 회복되었다. 하지만 두피의 손상이 워낙 심했기 때문에 복구를 위한 성형수술이 필요했다. 아마 그녀의 두피에 경미한 감염이 발생했는데, 그 자리에 파리의 애벌레가 서식하고 감염이 점점 확대되어 두피 깊숙이 파고들었을 것이다.

파리의 애벌레에 의한 인체감염을 승저증(蠅疽症) 혹은 구더기증이라 부른다. 애벌레는 살아 있는 숙주(절대 기생체)가 반드시 필요하거나 혹은 죽은 숙주(임의 기생체)에서도 살아갈 수 있다. 말파리와 같은 일부 곤충들은 피부를 뚫을 수 있지만 다른 곤충의 암컷들은 상처 위에 알을 낳아 감염시킨다. 소개된 사례와 같은 경우다.

그 여성은 곤충들에 대한 공포 때문에 정신과적 상담을 받아야만 했다.

심장에 박혀 있는 총알

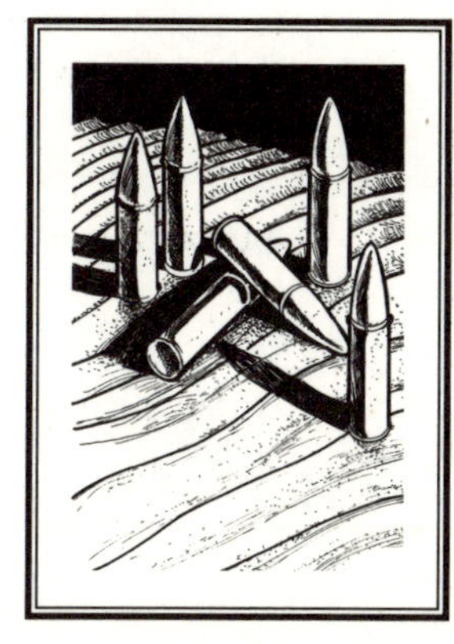

중년의 이란인 남성이 허리수술을 받기 위해 정형외과 병동에 입원했다. 일반적으로 정형외과 의사들은 수술을 매우 잘하는 사람들이다. 그러나 망치로 두드리고 나사를 박는 데는 뛰어나지만 환자의 병력을 수집하거나 이학적 검사(Physical Exam, 진찰)에는 조금 약한 편이다.

그래도 정형외과 전공의는 모든 검사를 해볼 마음으로 청진기를 환자 가슴의 흉골 바로 아래에 댔다. 심장과 폐, 그리고 복부의 소리를 동시에 들을 수 있는 위치였다.

"어? 이게 무슨 소리야?" '뭔가 들린다' 는 생각이 들었다. 청진기를 통해 젊은 전공의의 귀 속으로 이상한 소리가 전해졌다. 크고 분명한 소리였다. 의학적 지식이 없더라도 정상이 아님을 알 수 있는 소리였다.

어디서 나는 소리인지는 알 수 없었지만 정상적으로도 들릴 수 있다고 생각하기에는 너무 컸다. 그래서 그 정형외과 의사는 환자의 수술을 연기하고 심에코검사(echocardiogram: 심장 초음파 검사)를 의뢰했다. 심에코검사는 초음파를 이용해서 심장의 영상을 촬영하는 기술로 임신한 여성들에게서 태아를 검사하는 기술과 비슷한 검사이다. 심잡음(心雜音)과 같은 비정상적 심음들이 들릴 때는 별다른 병이 아닐 수도 있지만 심각한 질환이 있음을 말해주는 경우도 적잖이 있다.

환자는 영어를 못했고 마땅히 통역해줄 만한 사람도 없었다. 손동작을 섞어가며 겨우겨우 대화하면서 의료기사는 환자를 왼쪽 옆으로 누이고 마이크처럼 생긴 단자를 환자의 가슴부위에 댈 수 있었다. 환자의 심장 모양이 드러나자 에코기사는 드물게 볼 수 있는 비정상 소견을 확인할 수 있었다. 젊은 이란인의 심장에 심실중격결손(VSD)이라는 작은 구멍이 있었다. 심장의 두 부분 사이를 비정상적으로 연결시키는 통로가 되는 구멍이다. 이 구멍을 통해 심장의 엉뚱한 부위로 혈액이 과도하게 흘러간다.

젤을 발라둔 가슴 위에서 단자를 움직이자 에코기사의 눈에 또 다른 이상이 보였다. "좌심실 첨부에 뭔가 들어 있는데?"

좌심실은 심장의 네 개 방 중에서 가장 크고 강한 방이며 그 가장 아래 부위를 첨부라 부른다. 환자의 심장에 밝은 타원형 물체가 들어 있었다. 분명히 혈액응고덩어리나 종양은 아니었다. 에코기사는 20년 동안 수천 명을 검사했지만 이와 같은 것은 한 번도 본 적이 없었다. VSD와 함께 존재하는 것이 있다면 무엇일까? 에코기사는 심장전문의에게 전화했다. 그러나 그 의사도 마찬가지로 어리둥절했다. 종양이나 혈액덩어리 외에는 어떤 가능성도 생각할 수 없었다. 그러나 그 두 가지는 모두 아니었다.

"X-선을 찍어봅시다. 뭔가 나올 수도 있겠죠." 의사가 말했다.

한 시간 후 X-선 사진을 판독상자(View Box) 위에 올려놓자 반짝이는 물체의 정체가 드러났다. 의사는 "총알 같은데"라고 말하며 환자에게 다시 가서 가슴을 검사했다. 흉골 바로 아래에 5센티미터 정도의 작은 상처흔적이 보였다. 의사는 통역의 도움을 받아 환자의 단편적인 이야기들을 조합할 수 있었다.

1980년대 이란-이라크 전쟁이 치열할 때 환자는 전선을 순찰하던 중 침투해 들어오는 이라크 군대와 마주쳤다. 몇 차례 총격이 오고갔으며 그 젊은 이란인은 가슴에서 피를 흘리며 쓰러졌다. 환자는 야전용 들것에 실려 고통의 시간을 견디며 전쟁터에서 병원으로 후송되었다. 병원에서는 3주 동안 관찰만 했고, 환자는 자신의 상태에 대해 거의 알지 못한 채 퇴원했다. 심장에 손상을 입었다는 사실도 몰랐다. 그는 심장이나 호흡기 증상이 없이 잘 지냈다. 이민 올 때 받은 검사에서도 심장의 잡음을 놓쳤다.

컴퓨터단층촬영(CT)으로 환자의 이야기가 확인되었다. 총알이 가슴의 갈비뼈 사이를 관통해 들어가서, 심장의 두 심실 사이를 지나(심실들 사이의 중격에 구멍, 즉 VSD를 만들어냈다), 좌심실의 첨부에 박혔다. 이 남자는 총알 때문에 VSD가 생긴 첫번째 사례로, 총알이 심장 속에 들어 있으면서도 아무런 증상도 나타내지 않았다. 혈액의 흐름에도 문제가 없었고, 증상도 없으며, 심장에 다른 합병증

도 남기지 않았기 때문에 수술도 필요 없었다. 환자는 퇴원하여 외
래로 관찰만 했다.

독성을 가진 주목나무의 비밀

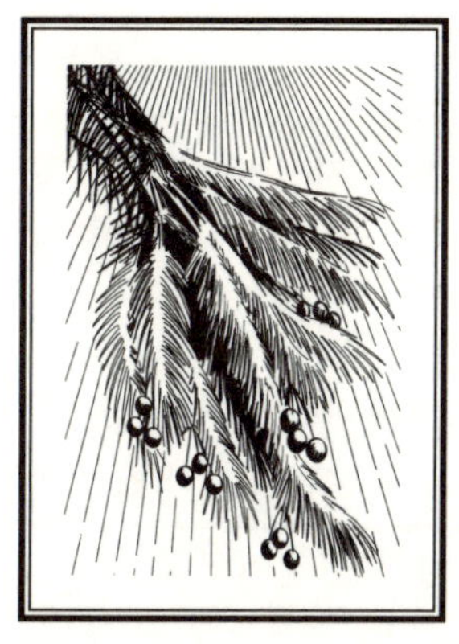

공원에서 무의식 상태로 발견된 열여덟 살 청년이 앰뷸런스에 실려 병원에 왔다. 혈압이 위험할 정도로 낮았기 때문에 중심정맥관을 환자의 오른쪽 외경정맥으로 삽입했다. 생리식염수 2리터를 급속히 투여하자 혈압이 정상으로 돌아왔다.

중심정맥관을 확보하는 도구는 무균상태의 패키지로 제공되는데, 가운데가 빈 금속 바늘이 뭉툭한 끝을 한 플라스틱 호스 안에 들어 있다. 금속제 바늘은 플라스틱 호스보다 길기 때문에 바늘이 먼저 정맥을 뚫고 들어간 다음 이 바늘을 따라 플라스틱 호스를 밀어넣는다. 그 다음에 바늘은 빼내고 부드러운 플라스틱 호스만 정맥 안에 남긴다. 중심정맥관의 내부 직경은 여러 가지 크기가 있어 그에 따라 이름을 붙이는데, 18게이지(gauge)는 21게이지보다 구멍이 더 넓어서 수액을 더 빠른 속도로 주입할 수 있다.

일정한 게이지 이상에서는 수액의 주입 속도가 정맥의 크기에 따라 좌우된다. 특히 환자가 병원에 도착했을 때 혈압이 위험할 정도로 낮을 경우에 중요하다. 부상을 당한 환자들은 손상된 장기나 상처로부터 많은 양의 혈액이 새어 나가기 때문에 혈액이나 생리식염수, 그리고 알부민을 급속히 주입해주어야 한다. 그러나 팔에 있는 정맥을 통해서는 그 정도로 빨리 주입할 수가 없다. 그 해결책이 바로 중심정맥관이다. 외경정맥(목), 쇄골하정맥(빗장뼈 아래), 그리고 대퇴정맥(하지) 등이 큰 정맥들의 예다. 열여덟 살 청년의 목에 굵은 바늘이 꽂혔다.

그는 신경학적으로 호전되었지만 말로 하는 지시에는 응답이 없었다. 심박동수는 1분에 30회에서 250회까지 큰 폭의 변동을 보였고, 중환자실로 옮겨지는 도중에는 심전도 모니터에 나타나는 파형이 흐트러지며 위험 신호를 보였다. 즉시 300줄(joule: 에너지의 단위로 1옴의 저항에서 1암페어의 전류에 의해 1초 동안 발생된 에너지)의 전기 충격을 가해 제세동을 실시했지만 효과가 없었다. 환자의 폐 안으로 관을 삽입하고 인공호흡기를 걸었다.

전기충격을 반복했지만 심장은 반응을 보이지 않았다. 심장근육을 활성화시키기 위해 일시적 인공심박동기(페이스메이커)를 환자의 오른쪽 대퇴정맥을 통해 삽입했다. 그래도 그의 심장은 반응하지 않았다. 심폐소생술이 계속되었다. 두 시간에 걸쳐 전기충격과 페이싱, 그리고 인공호흡이 계속되고, 병원 약국에 비치된 온갖 응급약물들이 주입되었다. 아주 조금 호전이 있었는데, 고의적인 약물 과

다복용이 의심되었다.

간호사가 환자의 주머니를 뒤졌다. 혼수상태 환자의 신상을 파악하고 코카인이나 엑스타시 정제가 있는지 확인하기 위한 통상적 과정이었다. 솔잎처럼 생긴 가시와 작은 열매가 나왔다. 그녀는 그것들이 주목나무(*Taxus baccata*)에서 나왔음을 알았다.

다음날 그는 크게 호전되었다. 의식이 깨어나고 뚜렷해졌으며 일어나서 앉았다. 심폐소생술로 인해 가슴이 아픈 것이 유일한 증상이었다. 그는 자살시도는 아니었다고 밝힌 다음 그 식물을 자주 먹었다고 인정했다. 자연적인 것은 모두 건강한 것이라는 믿음에서 비롯된 행동이었다. 의사는 그에게 앞으로 그 같은 행동을 하지 말도록 주의를 주었다. 입원 18시간 만에 그리고 여러 차례 죽을 고비를 넘긴 후 그는 정신과적 상담을 받고 퇴원했다.

주목나무는 수의학에서 잘 알려진 독소를 가지고 있는데, 동물들은 가끔 주목나무 잎과 열매를 먹는다. 독일의 한 동물원에서 에뮤들이 떼죽음을 당한 적이 있었다. 동물원 직원들은 그 새들이 밖에서 자라고 있는 주목나무를 쪼아 먹기 위해 부리로 담장을 뚫는 모습을 발견했다.

19세기에는 주목나무가 기생충을 퇴치하는 약물로 생각되어서 주목나무 독성에 중독된 사례가 많이 보고되었다. 최근 폴란드에서는 죄수 네 명이 끓인 주목나무 잎을 마시고 그중 세 명이 사망했는데, 모두가 이 환자에서와 같은 심장 독성을 나타냈다. 주목나무에 함유된 디테르피노이드(diterpinoid)라는 식물염기가 심한 심장 독성의 원인인 것으로 알려져 있다.

타살도 자살도 아닌 자기색정사

호주 대륙 중부의 오지에서 서른여섯의 남성이 사망한 채로 발견되었다. 40도가 넘는 무더운 날씨였다.

두 명의 자전거 여행자가 하이킹하던 산길 근처에서 작은 강을 발견했다. 강에 악어가 살고 있을 수도 있지만 지치고 땀에 흠뻑 젖은 그들은 수영으로 몸을 재충전하기 위해 멈추었다. 신발과 양말 그리고 옷을 모두 벗어던진 그들은 미지근한 물속으로 뛰어들었다. 한참 물놀이에 정신이 팔려 있던 중 제임스가 손으로 무언가를 가리키며 갑자기 비명을 질렀다.

"시언, 저것 봐!"

강기슭의 커다란 바위 위에 건조된 시신 한 구가 가만히 놓여 있었다. 앙상해진 발에서 새빨간 여성용 신발이 벗겨져 나가 모래바닥 위에 뒹굴고 있었다. 놀란 그들은 급히 옷을 입고는 미라가 된 그 사체에 조심조심 다가갔다.

"음, 죽은 게 확실해. 수십 일 동안 이 자리에 있었을 것 같아. 이제 어떻게 하지?" 제임스가 말했다.

"글쎄, 겁먹지 말고 가만히 있어봐." 시언이 대답했다. "바지에 휴대폰 있지? 꺼내서 경찰에 신고하자."

40분 후 인근 읍내의 경찰들이 뿌연 모래구름을 만들면서 달려왔다. 경찰들은 천천히 차에서 내린 후 사막의 열기로 뜨거워진 육중한 체구를 굽혀 사체를 관찰했다.

"한크 같군." 경찰이 시가를 문 입 사이로 말했다.

"1년 전쯤 사라졌던 사람입니다."

한크가 틀림없었다. 그는 호주 오지의 약 500명의 주민이 있는 마을의 고등학교 과학교사였다. 1년 전 갑자기 그가 사라지자 경찰은 한 달 동안 샅샅이 찾아보았지만 허사였다. 자전거 여행자들이 그의 잔해를 우연히 발견할 때까지 마을에서 그의 행방은 풀리지 않는 문제로 남아 있었다.

그는 값비싼 여성 속옷에 여러 벌의 팬티스타킹을 입고 있었다. 속옷을 잘라 그의 성기를 노출시켰다. 한크는 그 오지마을에서 젊음이 넘치는 청년들이 본받아야 할 스승의 역할을 할 수 없었을 것이다. 마을 내에서는 그의 환상적 삶에 대한 욕구를 충족시킬 수 없었지만 마을 밖에서는 간단히 해결되었다. 사망원인은 열사병으로 추정되었다.

자기색정사(自己色情死, autoerotic death)는 성적 만족을 추구하는 과정에서 발생하는 사고사로 정의된다. 변태적 성행위 동안 로프

나 스카프가 묶는 도구로 이용되는데 이것으로 인해 질식하는 수도
있다. 변사체로 발견되는 경우 중 적지 않은 수가 자기색정사로 추
정되는데, 사망 후 발견이 어렵거나 사인추정이 모호해지는 경우가
많다.

뼈 없는 부위 페니스 골절

스물여덟 살의 남자가 아내와 격렬한 섹스를 하던 중 갑자기 무언가 굽혀지는 느낌과 함께 부러지는 소리가 들리고 성기 부위에 심한 통증이 밀려왔다. 즉시 섹스를 멈추고 자신의 성기를 살펴보니 갑자기 퉁퉁 부어올라 있었다. 머리가 멍해지고 구역질이 올라오며 무엇이 부러졌을까 잔뜩 겁이 났다.

그는 잠시 실신했지만 아내가 깨우자 곧 일어났다. 아내는 그의 성기와 함께 그를 차에 태워 병원 응급실로 달렸다.

응급실 벽에 붙은 환자 명단에서 그의 이름 옆에 '페니스 골절'이라는 병명이 적혔다. 정확한 진단명이었다. 그의 페니스 중간부위가 부러지며 주위의 연조직들을 파열시켰다. 그 결과 축 늘어져버린 그의 페니스 중간 부위에 커다란 혈종이 생긴 것이었다.

비뇨기과 의사가 호출되었다. 귀두 구멍 부위로 혈액이 새어나
온 증거는 보이지 않았다. 소변이 나오려 했지만 소변을 볼 수 없었
다. 환자는 수술실로 옮겨졌다. 페니스의 피부를 벗기고 다시 봉합
하는 수술이 시행되었다. 나중에 페니스가 약간 굽은 것 외에 그 손
상으로 인한 다른 합병증은 발생하지 않았다. 발기기능도 정상으로
유지되었다.

페니스 골절은 섹스를 하는 동안 주로 발생한다. 그 외에 직접적
인 충격을 받거나 과도한 마스터베이션으로 발생하기도 한다. 침대
에서 구르다 페니스 골절이 발생했다는 보고도 있다. 페니스 골절로
인한 가장 무서운 합병증은 수술 후의 상처인데, 감염이 생기면 농
이 형성되고 수술적 배농이 필요할 수도 있다. 하지만 이로 인해 발
기기능 장애가 생기는 경우는 드물다.

편식이 불러온 소년의 괴혈병

일곱 살 소년이 잇몸에서 피가 나며 붓고 아파서 소아과를 찾았다. 아이의 키와 몸무게는 평균 수준이었다. 정상적으로 자랐고 병원에 입원한 적도 없었다. 두 달 전 증상이 나타나기 전까지는 건강하고 활발한 아이였다.

아이는 식욕이 없고 고집이 세고 조급한 성격이었다. 설사가 약간 있었는데, 그날 갑자기 하지의 통증이 참을 수 없을 정도로 심해졌다. 아이는 통증을 견디느라 이를 악문 표정으로 검사실에 들어갔다. 검사 결과 키와 체중이 지난 1년간 크게 줄어든 것으로 나타났다. 미열도 있었다. 잇몸은 붓고 푸른색으로 조금만 닿아도 쉽게 출혈이 생겼다. 몸 전체의 피부에 붉은색 작은 반점들이 보였는데 작은 바늘로 수천 번을 찔러놓은 것 같았다. 머리털의 모공에도 작은 핏방울이 맺혀 있었다.

큰 병일 수도 있다는 생각에 아이는 즉시 입원 조치되었다. 입원 후 일주일 동안 온갖 검사들이 시행되었다. 혈액검사에서는 적혈구 수치가 낮아서 경증의 빈혈이 의심되었다. X-선을 검사한 결과 뼈가 비정상적으로 가늘었다. 백혈병이 의심되었지만 골수검사에서는 비정상 세포들이 보이지 않았다. 혈액을 채취하여 생화학검사, 혈액학검사, 미생물검사 등 가능한 모든 검사를 시행했음에도 명확한 진단이 나오지 않는 수수께끼 같은 사례였다.

담당의사는 미국에서 훈련받은 소아과 의사였는데 어떻게 해야 할지 도저히 알 수 없었다. 도대체 무슨 병이기에 이런 상태가 되었을까? 주위의 다른 의사들과도 상의해 보았지만 도움이 되지 않았다. 그는 매주 열리는 사례토의 시간의 주제로 올려 다른 많은 소아과 의사들로부터 의견을 들어보기로 했다.

10년 전에 은퇴한 고령의 의사 한 명이 그 사례토의 시간에 꾸준히 참석하고 있었다. 그는 인도에서 의과대학을 졸업하고 소아과 훈련과정을 마친 의사였다. 은퇴한 상태였지만 의학에 대한 열정은 60년 전 인도 마드라스의 의과대학을 졸업하던 때와 다를 바가 없었다. 고령과 관절염으로 인해 다리가 많이 아팠지만 그는 매주 금요일 오전이면 일찍 일어나서 색 바랜 갈색 상의에 넓은 넥타이를 하고 백발을 뒤로 단정히 넘긴 차림으로 시내로 향하는 지하철을 탔다.

사례토의장은 항상 의사들로 꽉 찼다. 병원의 소아과 교수들이 앞자리의 고급스런 의자에 앉아 자신들의 지식 기술에 대한 자신감을 표출했다. 수련의들은 서열에 따라 그 뒤에 앉았다. 은퇴한 소아과 의사의 좌석은 항상 가장 뒷줄이 되었다. 지팡이를 짚고 다리를 절었지만 그는 정확한 시간에 참석하여 주위 사람들의 눈에 띄지 않게 조용히 자리에 앉았다. 희미한 조명 아래 참석자들이 사례 발표를 들었다. 그 소년의 검사결과를 기록한 슬라이드가 화면에 비춰졌다. 혈액검사 결과와 뼈 사진, 그리고 소년의 인물사진도 제시되었다. 열띤 토론이 이어졌다. 의사들은 여러 가지 진단명을 제안했다가는 곧 거두어들였다.

"조직구증식증이나 분아균증, 비반세포증의 가능성은 생각해 보셨습니까?" "류머티스열이나 소아마비, 혹은 패혈성관절염으로 볼 수도 있지 않을까요?" "매독이나 골수염은?"

고령의 소아과 의사는 한 시간 전 사례발표가 시작된 지 몇 분이 채 지나지 않았을 때 이미 진단을 내렸다. 그는 손을 들었지만 아무도 쳐다보지 않았다. 자리에서 일어섰지만 그래도 반응이 없었다. 그는 목청을 가다듬었다. 아직도 진단은 내려지지 못했다. 한 시간이 지났고, 회의실은 무력감 속에 잠겨 있었다.

더 이상 도움을 청할 곳이 없어 낙담한 소년의 주치의는 "다른 의견은 없습니까?" 하고 물었다. 이제 참석자들은 자리에서 일어나기 시작했다. 주치의는 맨 뒤에 서 있는 고령의 신사를 지명했다. 그의 가느다란 목소리가 회의실 앞 강단을 향해 전달되었다.

"아이의 병은 괴혈병이오."

괴혈병은 비타민C가 결핍되어 발생하는 병이다. 그는 인도에 있을 때 수백 명의 사례를 보았기 때문에 감기보다 쉽게 진단할 수 있었다. 순간 회의실은 조용해지고 모두 당황했다. 그의 진단이 옳았기 때문이다. 그들은 아주 단순한 괴혈병 사례를 놓친 것이다. 노의사는 자리를 떠나 절룩거리며 지하철로 향했다.

의료진은 소년이 입원했을 때 관심을 두지 않았던 식생활에 관해 상세히 조사했다. 소년은 거의 1년 동안 과자와 빵, 요구르트, 그리고 우유만 먹었다고 했다. 야채나 과일 그리고 고기는 전혀 먹지 않았다. 소년의 엄마는 시간이 지나면 아이가 자연적으로 균형 잡힌 식사를 하게 될 것으로 생각했다. 그러나 그렇게 먹는 습관은 심해져 강박적 식사가 되었다.

소년에게 300밀리그램의 아스코르브산(비타민C)을 투여했다. 일주일이 지나지 않아 소년의 증상은 없어지고 정상이 되었다. 영양사가 소년과 부모를 교육시켰다.

괴혈병에 대한 최초의 임상적 관찰 기록은 3500년 전으로 거슬러 올라간다. 괴혈병은 18세기에 먼 거리를 항해하는 선원들에게 자주 발생하는 골칫거리였다. 1746년 영국의 의사 제임스 린드(James Lind)는 감귤류의 신과일이 그 질병을 치료해주는 것을 발견했다. 그는 왜 그 방법으로 치료가 되는지 이해하지 못했지만 그의 경험적인 치료방법은 효과가 있었다. 그 후 영국 선원들은 먼 항해를 떠날 때 레몬과 라임주스를 배에 실었다. 비타민C가 결핍되면 콜라겐이 제대로 합성되지 못하게 된다. 콜라겐(collagen)은 뼈와 조직을 구성하는 중요한 기초물질로서, 이것이 결핍되면 신체의 골격이 약해지고 뼈와 치아의 발달에 문제가 생겨 출혈이 발생하게 된다.

괴혈병은 이제 미국에서 보기 힘들지만 제3세계 빈곤국들에서는 여전히 흔한 질병이다.

죽음의 비밀을 밝힌 전기면도기

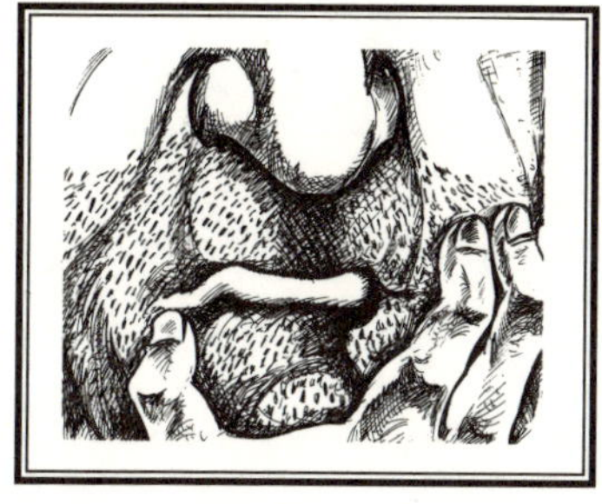

1998년 5월 23일 이른 아침, 쉰두 살의 남성이 자신의 병실에서 시신으로 발견되었다. 근무 당번이던 실습 간호학생이 명랑한 모습으로 환자들을 살펴보며 회진하던 중이었다. 36호실로 들어가자 이미 죽은 카를로스 메네게츠의 비대한 몸집이 눈에 들어왔다. 등을 바닥에 대고 누운 모습이었다. 털이 없는 그의 다리와 번질거리는 커다란 배에는 병원의 침대시트가 반쯤 덮여 있었다. 갈색 입술이 반쯤 열리고 눈에 초점이 없는 것으로 보아 지난밤에 조용히 사망한 것 같았다. 회백색의 피부였다.

그는 지난 4월에 황달과 간기능부전으로 병원에 입원했다. 말기 상태의 간기능부전으로 배에는 딸기색 맑은 체액인 복수가 10리터 정도까지 고여 있어서 임신한 여성과 비슷한 모습으로 보일 정도였다. 메네게츠 씨는 이렇게 복수가 많이 차 있었고 다리의 부종도 심했다. 복수천자를 시행했는데, 이것은 복강 내로 바늘을 찔러넣어 복수를 빼내는 시술이다. 첫날 8리터를 빼냈지만 예상대로 곧바로 다시 찼다. 일주일에 두 차례씩 수 리터의 복수를 빼냈다.

그는 양손이 계속 떨리는 파킨슨병을 10년 넘게 앓아왔으며 조금 과도하게 술을 마셨다. 의사는 이러한 음주가 간기능부전의 원인이라고 생각했다.

복부초음파검사와 간기능검사를 포함한 여러 가지 검사를 시행했다. 그러나 간염바이러스에 노출된 증거는 없었으며, 간이 섬유화 반흔으로 오그라든 상태였다. 의사들은 그의 증상을 간경화로 진단했다.

입원 후 여러 주가 지났지만 경과는 호전되기는커녕 합병증으로 폐렴이 발생했다. 상태가 악화되자 가족들이 모두 와서 환자를 격려했다. 신장기능까지 망가졌고 가족들은 DNR(Do Not Resuscitate의 약자로 심폐소생술을 거부) 동의서에 서명을 하기로 결정했다. 즉 생명만을 연장하기 위한 고난도의 처치를 하지 말라는 것이었다. 그로부터 며칠 후 환자는 사망했다. 사망진단서에는 폐렴, 알코올성간경화, 그리고 파킨슨병이 사망원인으로 기록되었다. 가족들의 요청에 따라 부검을 하지 않고 화장으로 장례를 지냈다. 그가 젊었을 때 축구를 좋아했기 때문에 그의 재는 축구장에 뿌려졌다.

세월이 흐른 후, 유능한 의사가 된 서른다섯 살의 아들이 아버지의 사인을 재조사할 것을 요청했다. 그는 윌슨병이 아버지의 사인일 수 있다고 지적했고, 이를 검토하기 위해 아버지의 파일을 다시 열었다.

 월슨병(간렌즈핵변성증)은 유전질환으로 구리를 몸 밖으로 배출하지 못해 생기는 병이다. 구리를 몸 밖으로 배출하는 일은 혈액 내의 세룰로플라즈민(ceruloplasmin)이라는 단백질이 담당한다. 월슨병을 앓게 되면 세룰로플라즈민이 적어서 구리가 배출되지 못하고 신체 장기에 축적된다. 그 결과 간기능부전이 발생하거나 뇌에 축적되면 운동기능에 장애가 나타난다. 그럴 경우에는 EDTA라는 화합물을 중금속과 결합시켜 배출하는 킬레이션이라는 방법으로 치료하고, 구리가 많이 함유된 식품을 피해야 한다. 초콜릿이나 버섯 등이 대표적인 식품이다.

 월슨병 진단은 인체 조직의 유전자검사가 기본이기 때문에 화장해서 재를 뿌려버린 이 같은 경우에는 진단이 불가능했다. 그런데 다행히도 메네게츠 씨가 사용하던 전기면도기가 발견되었다. 아내는 자신이 남편에게 마지막으로 준 선물이었기 때문에 버리지 않고 있었다. 그 전기면도기는 환자 혼자만 사용하던 것으로 약간의 피부와 털이 면도기에 남아 있었다. 이것을 이용해 유전자검사를 실시함으로써 그가 월슨병을 앓았음이 입증되었다. 만약 그가 정확한 진단을 받았더라면 치료를 통해 생명을 연장할 수 있었을 것이다.

내장 동맥을 관통한 이쑤시개

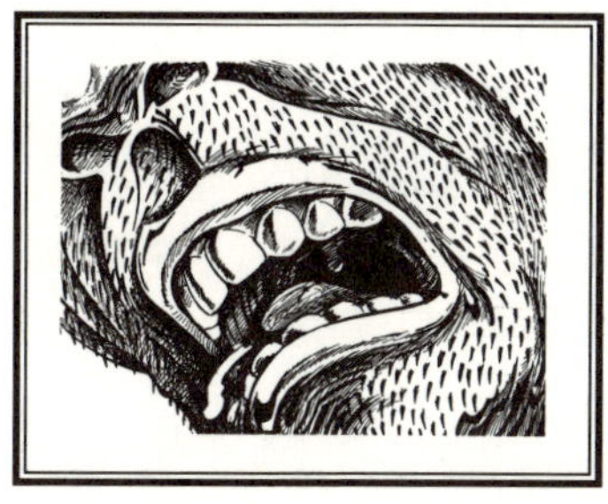

스콧은 스물일곱 살의 남자로 아직 독신이었다. 몇 달 동안 계속 위장이 불편했는데 새벽 세 시에 복부 가운데에서 심하고 날카로운 통증이 나타나 잠에서 깨어났다. 머리가 띵하고 구역질이 났다.

스콧은 고통 속에서 침대 옆에 놓인 전화를 들고 119를 불렀다. "너무 아파 죽을 것 같습니다. 빨리 좀 와주세요." 간신히 이 말을 끝낸 그는 전화기 저쪽에서 묻는 말에 더 이상 대답하지 못한 채 의식을 잃었다.

앰불런스가 도착했을 때 스콧은 침대에 누워 있었는데 호흡이 거의 없고 혈압도 낮았다. 구급요원들은 호흡을 유지하기 위해 목으로 관을 삽입했다. 그리고 능숙한 솜씨로 그의 정맥에서 굵은 정맥주사선 두 개를 확보하여 생리식염수를 주입하기 시작했다. 점차 혈압이 올라가고 그는 병원으로 이송되었다. 앰뷸런스에서 요원들은 귀중한 시간을 벌기 위해 응급실로 전화를 해서 위급한 환자에 대해 준비를 시켰다.

"혈압 85/50, 맥박 130." 구급요원은 도착하자마자 크게 소리질렀다. "119로 전화한 다음 의식을 잃었습니다. 우리가 갔을 때는 혈압이 거의 잡히지 않았지만 수액을 주입하니 올라갔습니다."

구급요원들은 응급실에서 대기하고 있던 의사와 간호사 등 의료원들에게 그를 인계했다. 초록색 수술복 차림을 한 그들은 출혈 상황에 대비해 마스크로 얼굴을 가리고 있었다.

응급팀장이 큰소리로 말했다. "혈압이 너무 낮아. 혈액 6단위 크로스매치(Crossmatch: 교차검사, 거부반응검사)하고 준비시키고, 누가 호흡기 기사 불러. 호흡기 걸어야 되겠어. 외과 펠로우(전임의) 내려오라고 해."

의식이 돌아온 스콧은 목에 삽입된 호흡관 때문에 무척 힘들어했다. 그러나 진정제를 투여하면 문제의 원인을 찾지 못할 수 있기 때문에 진정제도 투여할 수 없었다.

의사는 장갑을 낀 손으로 몸 구석구석을 눌러보았다. 복부를 눌렀을 때 갑자기 복부가 단단해지는 현상이 나타났는데, 복강 안에 어떤 자극이 있어 자신도 모르게 복부에 힘이 주어지는 가딩(Guarding: 보호, 방어)이라는 증상이었다. 스콧의 복강 안에 뭔가 있었다. 혈중 헤모글로빈 수치가 다시 7.4로 내려가자 그는 이동침대에 실려 응급으로 복부를 열기 위한 수술을 위해 병원 3층의 수술실로 올라갔다.

헤모글로빈은 혈액 내에서 순환하는 적혈구의 수치를 반영한다.

스콧처럼 건강한 체격의 젊은 남자는 헤모글로빈 수치가 지금보다 두 배는 되어야 했다. 그의 복부 어디에선가 출혈이 진행되고 있었다. 스물일곱 살의 남자에게 이 같은 일이 저절로 발생하는 원인은 몇 가지밖에 없으며 매우 드문 일이었다.

"아마 출혈성 궤양일 거야." 외과의는 응급수술에 들어가기 위해 손과 팔을 깨끗이 씻으며 생각했다. 외과의사 생활 20년 동안 그는 수많은 사례들을 경험했고, 벌어질 수 있는 거의 모든 상황을 보았다. 그는 기억 속의 방대한 도서관에서 이와 비슷한 사례들을 검색해 갔다. 충수가 파열된 젊은 여성, 십이지장궤양에서 생긴 출혈이 멈추지 않던 소년, 그리고 자궁외임신이 생긴 여성까지, 복통과 저혈압, 그리고 빈혈 증상을 함께 보였던 모든 사례들을 떠올렸다.

메스로 스콧의 복부를 한 겹씩 자르고 복강으로 들어가자 피가 쏟아져 나왔다. 수 리터의 피가 마치 폭포수처럼 뿜어졌다. 의사는 땀을 흘리기 시작했다. "아무것도 안 보여, 석션 조금 더 세게." 의사는 거의 고함을 질렀다. 석션관은 빠르게 혈액을 빨아들였지만, 곧바로 혈액이 다시 고였다. 예상보다 훨씬 더 큰 문제라는 생각이 의사의 머리를 스쳤다.

"혈압이 떨어지고 있습니다." 수술침대의 머리 쪽에 앉아 호흡기를 조절하며 환자의 바이탈사인들을 모니터하던 마취과 의사가 말했다.

"혈액과 혈소판을 쏟아부어도 혈압이 유지되지 않아. 지금 신선동결혈장 2유닛(unit) 가져오세요." 의사가 고함을 질렀다.

계속되는 의사의 지시를 수행하기 위해 수술실 간호사들은 매우 바쁘게 움직였다. 환자는 죽어가고 있었다. 몇 분 안에 눈에 보이지 않는 출혈을 멈추게 해야만 했다. 의사는 환자의 복강 내부에서 장기를 옆으로 치우고 혈관들을 만지며 빠르게 검사해 갔다. 시야가 잘 보이도록 석션을 추가했지만 소용없었다. 마침내 그는 문제를 찾았다. 내장에 혈액을 공급해주는 장간막동맥들 중 하나가 피를 뿜어내고 있었다. 의사는 빠른 손동작으로 그 혈관을 집어 눌렀고 출혈은 즉시 멈추었다. 다음 순간 의사의 눈에 놀라운 모습이 보였다. 그 동맥혈관의 양쪽 옆으로 날카로운 이쑤시개가 가로질러 찌르고 있는 상태였다. 이쑤시개가 스콧의 내장 벽을 파고들어 커다란 내장 동맥의 벽을 관통한 것이었다.

스콧이 중환자실에 입원한 다음 그의 아버지가 아들을 픽업트럭에 태우고 운전했던 이야기를 해주었다. 시골도로의 커브를 돌 때 그는 모서리에 부딪치며 이빨로 물고 있던 이쑤시개를 놓쳐버렸다. 그는 담배를 끊은 다음부터 습관적으로 이쑤시개를 씹었다고 했다. 당시 스콧은 이쑤시개가 어디에 떨어졌는지 알 수 없었고 곧 그 사실을 잊어버렸다. 그런데 그때 이쑤시개를 실수로 삼키게 된 것이다. 입으로 삼킨 대부분의 이물질이 별 탈 없이 내장을 통과하여 배출되지만 매우 날카로울 경우는 내장벽을 뚫고 이처럼 심각한 결과를 초래할 수 있다. 의료진들이 필사적으로 노력했지만 출혈이 너무 심해서 스콧은 수술 이틀 후 사망했다.

시도 때도 없이 느끼는 오르가즘

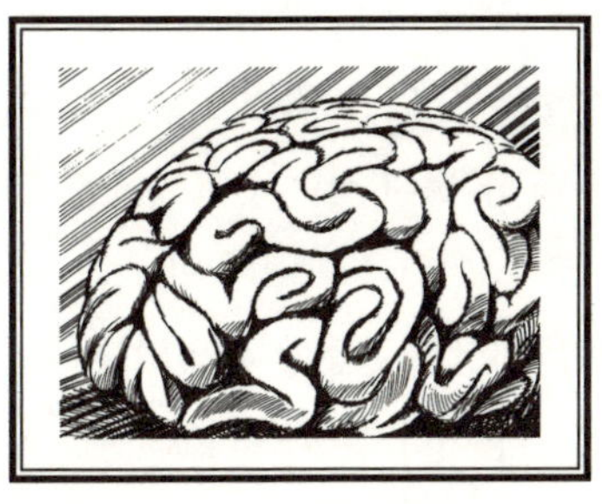

서른네 살의 여성이 갑자기 의식을 잃어 정밀검사를 위해 신경과 의사에게 의뢰되었다.

일주일 전 사업관련 심포지엄에서 발표하던 중 그녀는 갑자기 골반 안쪽에서 시작해 몸 전체로 무언가 깊은 느낌이 치밀어 오르는 경험을 했다. 그리고 이어서 왼팔의 감각이 없어지고 손이 크게 떨린 후 바닥에 쓰러져 잠시 의식을 잃었다. 그녀가 카펫 위에 쓰러진 채 끙끙대며 몸을 비틀자 사업 관계자들이 그녀 주위로 몰려들었다. 앰뷸런스가 달려왔다. 그녀는 금방 깨어났으며 정신도 말끔해졌기 때문에 앰뷸런스에서 내린 구조요원들의 도움을 거부하고 부끄러워하며 집으로 돌아갔다.

지난 5년 동안 그녀는 실신까지는 하지 않았지만 거의 일주일에 한 번씩 저절로 나타나는 오르가즘을 경험했다. 그 같은 오르가즘의 발생에는 어떤 양상이 없었다. 오르가즘은 같은 형태로 시작되었으며 사전 경고 증상도 없었다. 식료품 가게에서, 운전 중에, 엘리베이터 안에서, 혹은 식당에서 등 시도 때도 없이 발생했다. 그녀의 오르가즘은 매우 강한 느낌으로 발생해 그녀에게 스트레스와 불안을 남겼다. 그녀는 자신의 내부에서 일어나고 있는 일을 감추고 겉으로 드러내지 않는 방법을 익혔지만 그러한 증상의 시작이나 지속은 어떻게 해 볼 수가 없었다. 얼마 동안은 색다른 경험이라고 생각했지만 그녀는 곧 이와 같은 느낌이 싫어지게 되었다. 그러나 의사에게 이러한 이야기를 터놓고 하지는 못했다.

그 외에 그녀의 병력에 특이한 사항은 없었다. 입원한 적도 없고 투여하고 있는 약물도 없었다. 기혼에 세 명의 자녀가 있었고 남편과의 성생활에서는 만족을 얻지 못했다. 남편은 아내의 이 같은 갈등을 알지 못했다. 진찰에서는 아무런 이상도 발견할 수 없었다. 신경과 의사는 그녀에게 발생했던 오르가즘이나 실신 그리고 손이 크게 떨리는 현상이 성적(性的) 간질로 인한 것이라고 생각했다.

의사는 컴퓨터단층촬영을 포함해 뇌의 영상 촬영을 지시했다. 한 달 후 검사를 받기 위해 방사선과 대기실에서 기다리는 동안 그녀는 또 오르가즘을 경험했다. 검사가 끝나고 진단이 결정되었다.

그녀의 뇌 측두엽에 비정상적으로 혈관들이 뭉쳐 있는 모양이 보였는데 동정맥류기형(AVM)이었다. 뇌 측두엽의 여러 가지 기능들 가운데에는 성적인 그리고 에로틱한 문제를 처리하는 기능도 포함되어 있다. 그녀의 AVM은 이 같은 뇌센터들의 가운데 깊이 위치하고 있어 그러한 경험을 조절하는 부위를 자극함으로써 오르가즘 증상이 나타났고, 기형이 성장하면서 점점 더 자주 증상이 나타나게 된 것이다. 뇌 측두엽의 성기능 관련 센터에 존재하는 AVM으로 인한 성적 간질로 진단이 확정되었다. 그녀는 뇌의 혈관종을 제거하는 수술을 무사히 받은 후 그 같은 오르가즘 증상을 겪지 않게 되었다. 그녀의 남편은 여전히 그녀가 겪었던 갈등을 알지 못했다.

위험한 바디페인팅

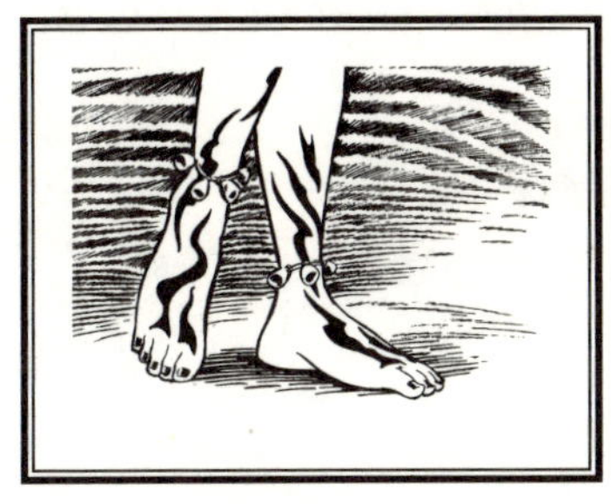

헤나(henna)는 중동과 아시아 전역에서 일시적으로 몸을 치장하는 데 이용되는 식물이다. 사우디아라비아에서 온 서른세 살의 여성이 헤나를 이용해 자신의 발바닥을 치장하던 중 갑자기 쓰러져서 반응을 보이지 않았다. 주위 사람들이 깜짝 놀라서 그녀를 응급실로 급히 싣고 갔다.

그녀는 멀리 살고 있는 사촌의 결혼식에 참석하기 위해 방문 중이었다. 그녀뿐만 아니라 결혼식에 참석했던 다른 사람들도 영어를 못했기 때문에 응급실 의료진들은 환자의 병력을 자세히 알 수 없었다. 더욱이 그녀의 친지들이 모두 아라비아어로 떠들어 혼란만 가중되었다. 통역이 왔지만 많은 사람들을 통제하기는 어려웠다. 의사가 환자에 대해 처치를 하고 진단을 찾는 동안 병원 경비원들이 친지들을 단속해야만 했다. 난투극까지 벌어져서 경비원이 맞아 바닥에

쓰러졌다. 마침 교통사고 조사를 위해 응급실에 와 있던 경찰 두 명
이 상황을 정리하기 위해 나섰다. 혼란이 계속되는 중에 경찰 10여
명이 현장에 도착했다. 17명이 폭력혐의로 체포되고 모두 나가라는
명령이 내려졌다. 결혼식이 예상보다 훨씬 축소될 상황이었다.

환자의 딸인 젊은 여성 한 명만 응급실에 남아 의사를 도와주기
로 했다. 통역의 도움을 받아 딸을 통해 환자의 병력을 파악했다.
환자는 장시간 동안 헤나를 이용해 발을 장식했고, 발이 끝난 다음
다른 부위를 막 장식하려던 중이었다. 그녀는 숨이 가빠져서 밖에
나가려 했지만 자리에서 일어나 두세 발자국을 걷다가 갑자기 앞으
로 넘어지며 테이블에 얼굴을 찧었다.

환자의 상태는 좋지 않았다. 얼굴은 온통 피투성이로 부어 있었
고 숨쉬기를 어려워해 호흡 튜브를 삽입하고 호흡기에 연결했다. 그
외에 바이탈사인은 큰 문제가 없어 맥박이 약간 빨랐지만 정상 혈압
이었다.

그녀가 사용한 헤나 혼합액은 이번 결혼식을 위해 특별히 주문하
여 사우디아라비아에서 가져온 것이었다. 그 액을 사용한 다른 두
여성에게도 비슷한 증상이 나타났으나 치료가 필요할 정도로 심하
지는 않았다.

가슴 X-선 사진에는 양쪽 폐 영역 전체에 걸쳐 하얀색의 병변들
이 나타났다. 폐에 체액이 차 있을 때 나타나는 소견이었다(폐부종).
그러나 X-선에 그 같은 병변이 나타날 때 가장 흔한 원인이 되는 심
장발작 등의 심장병을 시사하는 소견들은 찾을 수 없었다. 환자는
중환자실에 3일 동안 입원한 후 완전히 회복되었다. 입원 중에 다른

이상들은 발생하지 않았으며 다른 검사들은 모두 정상으로 나왔다. 그 외에 다른 원인들이 없었기 때문에 의사들은 그 사고가 헤나 사용과 관계된 것이라고 생각했다.

헤나는 염료의 일종으로, 염색과정을 빠르게 하고 색깔을 선명하게 하기 위해 다른 염료인 파라-페닐렌다이아민(PPD)이 첨가된다. 그 물질은 신체에 흡수되면 매우 강한 독성을 나타내기 때문에 자살용으로 많이 사용되기도 한다. 호흡기계에 주로 문제를 일으키며 신부전이나 근육 융해 같은 여러 가지 심각한 독성반응이 발생하기도 한다. 그러므로 대부분의 국가에서는 그 염료의 사용을 금지하고 있다. 의사들은 많은 양의 헤나를 사용하는 과정에서 거기에 포함된 PPD가 그 여성의 체내에 흡수되어 호흡부전 증상을 나타낸 것으로 추정했다. 실제로 압수된 나머지 재료에서 사우디아라비아산 PPD가 검출되었다. 재료 공급책이 처벌받았는지는 알지 못한다.

터져버린 실리콘 유방

 마지는 쉰네 살이지만 아직 매력적이고 늘씬한 몸매를 가진 여성이었다. 장성한 자녀 네 명이 있는 그녀는 세 번 이혼했고 아직도 십대 소녀처럼 파티를 즐겼다. 마지의 처신이 늘 경박했기 때문에 친구들은 그녀가 자신들 남편 근처에 있으면 항시 감시의 눈길을 주어야만 했다. 그녀는 맞춤 블라우스에 착 달라붙는 바지, 그리고 커다란 고리모양의 귀걸이를 하고 다녔다. 손가락에는 다이아몬드가 박힌 금반지를 몇 개씩이나 끼고 있었다. 립스틱을 짙게 바른 입술에는 항상 담배가 물려 있었고, 오렌지색 곱슬머리 옆으로 담배연기가 흔들리며 올라갔다.

"뭔가 문제가 있는 것 같아." 그녀는 격렬한 섹스를 끝낸 후 옆에 누운 남자친구에게 말했다. "끝날 때쯤 가슴이 압박되는 느낌을 받

았어."

　"아직도 그래?" 남자가 담배연기를 내뿜으며 느긋하게 말했다.

　"조금씩 편해지고 있어." 그녀가 대답했다. 가슴이 불편한 느낌은 점차 약해지다가 5분이 더 지나자 완전히 사라졌다.

　몇 주 후 가슴 압박감이 다시 나타났다. 처음에는 주로 운동 중에 나타났지만 곧 밤에 잠을 깨우는 증상이 되었다. 35년 동안 담배를 피워왔기 때문에 여러 가지 문제가 발생했는데, 그 가운데 협심증도 있었다. 그녀는 병원을 방문해 진찰과 검사를 받은 후 관상동맥 질환으로 진단받았다. 심장의 혈관들이 좁아지고 손상을 입은 것이다. 관상동맥우회술을 받아야 했다. 마지의 가장 큰 걱정은 자신의 풍만한 가슴에 수술 상처가 남아 아름다움을 해치는 것이었지만 수술을 받기로 결심하고 진단받은 직후에 담배도 끊었다.

　수술은 성공적이었다. 철사를 이용해 절개해서 벌렸던 흉골을 다시 닫고 스테이플로 피부도 봉합했다. 모든 관상동맥우회 수술에 하듯이 양측 가슴에 흉관을 삽입했다. 흉관은 탄력 있는 플라스틱관으로 그 끝은 양측 폐 주위 흉막 사이 공간에 위치하며, 가슴 앞쪽에서 유방 바로 밑의 늑골 아래로 삽입하는 경우가 많다.

　관상동맥우회술은 매우 큰 수술이었다. 심장 문제 외에는 건강한 사람들도 사망률이 3퍼센트에 달하고 회복에도 몇 달이 소요된다. 수술 후 첫 주가 제일 힘들며 일찍 퇴원해서 집으로 갈 수 있을 만큼 강한 환자들은 매우 드물었다.

　마지는 회복하는 데 특히 어려움이 많았다. 심혈관계 중환자실에서 보낸 처음 며칠은 악몽 같은 시간들이었다. 가슴의 수술부위

통증과 함께 깊은 숨을 쉴 때마다 아팠으며, 삽입된 흉관들이 몸의 모든 구멍들에서 체액을 뽑아내는 것처럼 생각되었다. 통증이 계속되는 중에도 그녀는 점차 침대에서 일어났다. 몇 발자국을 떼는 데서부터 시작해 병동 전체를 걸어다닐 수 있게 되었다. 숨이 가쁜 증상은 계속되는 것처럼 보였지만 주치의는 심장수술이라는 대수술 후에 통상적으로 나타나는 증상쯤으로 생각했다.

그녀는 일주일 후 퇴원했다. 가슴의 상처는 나았지만 아직도 조금만 심하게 움직이면 숨쉬기가 힘들었다. 체중이 거의 10킬로그램이나 빠져서 볼륨 있던 몸매가 홀쭉해졌다. 오른쪽 유방이 특히 제 모습을 잃어버렸다. 마지는 혼란스러웠지만 통증과 싸우고 일상에 적응하느라 허영심에 신경 쓸 겨를이 없었다.

4주 후 그녀는 추구관찰을 위해 주치의를 찾았다. 흉부 X-선에서는 여전히 우측에 늑막 삼출액이 크게 고여 있는 것으로 나타났다. 심장수술 후 한쪽 혹은 양쪽 폐 주위로 체액이 고이는 것은 매우 흔한 일인데, 수술이라는 큰 자극에 대한 반응으로 나타나는 일종의 염증 과정이다.

체액을 배출시킬 필요가 있었기 때문에 주치의는 마지를 며칠 동안 입원하게 했다. 마지는 병상에서 앞으로 몸을 기울여 기대고 앉았다. 등은 살균액으로 깨끗이 소독하고 수술용 녹색 면포를 둘렀다. 먼저 첫번째 주사에서 마취제를 조금 투여했다. 두번째 주사바늘은 갈비뼈 사이로 해서 늑막강 내로 삽입되었다. 의사가 주사기를 뒤로 당기자 저항이 느껴졌다. 몇 번을 시도했지만 같은 문제가 발생했다. 늑막삼출액은 물과 혈액으로 구성되어 있기 때문에 한곳에

뭉쳐 있지 않는 한 주사바늘을 통해 쉽게 빠져 나오는 경우가 대부분
이다.

다시 좀 더 큰 바늘을 이용해 시도하여 성공했는데, 주사기 안으
로 빨려 들어오는 체액을 보고 의사는 놀라지 않을 수 없었다. 끈끈
한 반죽이나 벌꿀 같은 형태의 연노랑색 체액이었다. X—선상으로
는 훨씬 더 많이 있는 것이 보였지만 의사는 겨우 몇 밀리리터 빼내
는 데 그칠 수밖에 없었다.

뽑아낸 삼출액을 병리검사실로 보내 현미경으로 관찰했다. 검사
결과는 실리콘 결정들이었다. 마지의 유방에 넣었던 실리콘 삽입물
이 터져서 폐 주위의 늑막강 안으로 들어간 것이었다. 수술 후 곧바
로 흉관을 처음 삽입했을 때 터졌을 것이다. 당시에 오른쪽 유방의
실리콘 삽입물이 뚫려서 굵은 관을 따라 늑막강 안으로 실리콘이 들
어갔다. 마지는 가슴에 들어 있는 유방의 삽입물을 빼내기 위해 두
번째 흉관을 삽입해야만 했다. 그녀가 퇴원했을 때 양쪽 가슴은 서
로 다른 크기가 되어버렸다. 두 달 후 그녀는 또 다른 수술을 받았
다. 이번에는 성형외과의사가 그녀의 재산이자 무기에 균형을 만들
어주기 위해서였다.

사람의 내장까지 빨아들이는 수영장의 배수구

활달한 열다섯 살 소년인 아르니는 스포츠를 무척 좋아했다. 여름이었다. 8월의 폭염이 온 세상을 찜통처럼 만들고 있을 때 아르니는 가장 친한 친구인 베니에게 전화를 걸었다.

“수영하러 풀장에 가자.” 아르니가 주방의 리놀륨 바닥에 땀방울을 떨어뜨리며 말했다. 에어컨이 고장 났기 때문에 더 이상 집 안에 있을 수 없었다. 아직 오전 9시도 지나지 않았다.

“그거 좋지.” 입안에 주스를 넣은 채 베니가 대답했다. “방금 아침 먹었어. 그런데 수영장에서 만날래 아니면 내가 너희 집으로 갈까?”

“30분 후에 수영장에서 보자.” 아르니는 이렇게 말하고 전화를 끊었다.

게토레이 병을 자전거에 매단 아르니는 공설 수영장을 향해 페달을 밟았다. 이른 아침부터 수영장에는 사람들로 붐볐다. 풀 둘레의 좁은 콘크리트 공간에는 아이들과 그 부모들이 각자 자신들의 영역을 표시해두기 위해 깔아놓은 수건들이 널려 있었다.

아르니는 풀의 깊은 쪽 근처에서 빈자리를 찾아 수건으로 자신의 자리라는 표시를 해두고 차가운 물속으로 뛰어들었다. 그는 다섯 살부터 수영을 했기 때문에 힘들이지 않고 풀을 몇 차례나 왕복할 수 있었다. 풀 바닥으로 잠수하여 풀의 처음부터 끝까지 헤엄쳐 가기도 했다. 풀의 깊은 쪽에서 수영을 시작해 얕은 쪽 끝 옆면의 타일에 머리가 닿았다. 그는 물속 1미터 깊이에서 숨을 참고 앉아 주위를 관찰했다. 십대의 사춘기 소년인 아르니의 눈길은 수영복을 입은 엄마들에게 향했다. 구경을 계속하던 아르니는 풀 바닥의 배수구 구멍 위로 손을 올려보고는 배수구의 강력한 힘에 깜짝 놀랐다.

그는 반대편에서 베니를 발견하고 아무 생각 없이 배수구 구멍을 덮고 있던 격자창을 당겼다. 그리고는 베니에게 손짓을 하며 그를 만나기 위해 풀의 반대쪽으로 헤엄쳐갔다. 레인을 따라 거침없이 헤엄쳐 숨도 한 번 쉬지 않고 도착했다. 물 위로 얼굴을 내밀자 익숙한 얼굴이 내려다보고 있었다. 베니는 풀 모서리에 웅크리고 앉아 웃음을 짓고 있었다.

"왔냐?" 아르니가 큰소리로 말했다. 그는 베니의 셔츠를 잡아 안으로 끌어당겼다. 풀의 깊은 쪽 끝이었다. 풀에 빠진 베니는 수면 위로 몸을 내밀더니 아르니의 얼굴에 거칠게 물을 튕겼다.

"저리 꺼져, 내 시계는 방수가 안 된단 말이야." 베니가 10달러를 주고 산 세이코 시계를 물 밖으로 들어 올리며 아르니를 밀쳤다. 시계에는 벌써 뿌옇게 서리가 끼어 액정이 희미해졌다.

"이런, 미안해라. 노점에서 저 시계를 살 때 나도 같이 있었지. 언제든 다시 하나 살 수 있잖아." 아르니가 말했다.

"너 내게 10달러 빚진 거다." 베니가 퉁명스레 말했다.

"셔츠 벗고 들어와라." 아르니가 베니에게 물을 튕긴 다음 힘차게 헤엄쳐 돌아가며 말했다.

아르니는 풀의 얕은 쪽 끝까지 베니를 따라갔다. 두 사람이 너무 거칠게 서로에게 물을 끼얹자 안전요원이 경고를 주기도 했다.

아르니는 바닥에 앉아 머리를 움츠린 자세로 수건을 어깨에 두른 채 쭉 뻗은 다리 주위로 올망졸망한 아기들을 거느리며 걷고 있는 여성에게 눈길을 주었다. "아기들이 몇 명인지 세어봐." 그는 새롭게 솟아오르는 호르몬을 느끼며 말했다. 그 여성에게 좀 더 가까이 다가가려고 할 때 손이 풀 바닥의 배수구 구멍을 가볍게 스쳤다. 그는 두 손으로 구멍의 격자망을 당겨서 느슨하게 해놓고 일어났다.

그러다 구멍 위로 미끄러졌는데 그 순간 배와 엉덩이 부위에 타는 듯한 통증이 발생했다. 아르니는 배수구 구멍 위에 주저앉았고 일어날 수가 없었다. 비명을 질렀다. 100명이 넘는 사람들이 일순 조용해졌다. 그는 다시 비명을 질렀고 얼굴은 새하얗게 얼어붙었다.

"도와줘요! 붙어버렸어! 풀스위치를 내려. 붙어버렸단 말이야!" 아르니는 거의 의식을 잃었다. 베니는 어떻게 해야 할지 몰라 안전요원을 소리쳐 불렀다.

안전요원이 아르니 옆으로 달려가서 상황을 살펴보고는 기계실

로 달려가 검은색 스위치를 내려 진공펌프 전원을 껐다. 그가 돌아
왔을 때 풀에는 아르니와 베니 그리고 도와주려는 몇 명의 엄마들만
남아 있었다.

그들이 아르니의 팔을 들어 일으키니 물이 붉게 변했다. 엄마들
이 허겁지겁 전화를 걸어 앰뷸런스를 부르고 다른 엄마들은 아이들
을 멀리 쫓아냈다. 베니는 비명을 지르고 아르니는 의식을 잃었다.
아르니의 골반 바닥이 배수구 때문에 터져서 내장들이 항문을 통해
빨려 나왔다. 소장이 모두 다 배 밖으로 나와버렸다.

응급실에 도착했을 때 아르니의 혈압은 매우 낮아서 정맥으로 다
량의 수액을 주입했다. 즉시 수술실로 옮겨져서 혈액공급을 받지 못
한 소장 부분을 잘라내는 수술을 받았다. 아르니는 차츰 회복되었으
며 소장의 많은 부분을 소실했지만 6개월 후에는 거의 정상으로 회
복되었다. 그는 그 후 고인 물 근처에도 가지 않았고 샤워를 더 좋아
하게 되었으며 진공청소기를 무서워하게 되었다.

칫솔을 삼킨 여자

세상에는 부상을 당할 위험이 있는 운동이나 활동들이 많이 있다. 자동차경주나 투우 등이 대표적이다. 이에 비해 아침에 일어나서 하는 칫솔질 같은 행동들은 위험이 없어 보인다. 칫솔질로 인해 사고가 생긴다는 것은 쉽게 생각하기 어렵다. 그러나 일상적인 행동들은 정말 아무런 위험도 없을까, 아주 작은 사고까지도?

스무 살의 한 여성이 아침 10시에 병원으로 달려왔다. 호리호리한 몸매에 어깨까지 내려오는 머리카락의 그 여성은 약간 수줍은 표정으로 안절부절 못하고 있었다. 그녀는 간호사를 똑바로 쳐다보지 않은 채 병원에 온 이유를 체념한 듯 말했다. 몸매와 달리 귀에 거슬리는 목소리였다.

"칫솔을 삼켜버렸어요." 그녀가 속삭이듯이 말했다.

"뭐라고 하셨어요? 너무 작게 말하니 잘 알아들을 수가 없습니다." 간호사가 재촉했다.

"칫솔을 삼켰단 말입니다." 그녀가 다시 말했지만 여전히 잘 들리지 않았다.

"나 참, 별일을 다 보네." 대기실 간호사가 생각했다. '여기가 소아과 병동인 줄 아시나. 애도 아니면서 아무것이나 막 집어먹고 그러셔.'

"어떻게 하다 그러셨죠?" 간호사는 비웃음을 감추지 못하고 물었다. 그 목소리에 관심이라고는 담겨 있지 않았다.

"칫솔질하던 중에 욕실 바닥의 타일에 미끄러져 넘어졌어요." 그녀는 우는 소리로 말했다. "샤워하고 나오다 젖은 타일에 발이 미끄러져 넘어졌는데, 그때 칫솔이 목으로 들어가서 내려갔나 봅니다."

숨쉬기가 힘들었고 약간 빈맥(맥박이 빠름)이었지만 혈압은 좋았다. 즉 실제로 큰 문제가 발생하고 있는 것은 아니었다. 간호사는 당황한 환자를 응급실 처치 방으로 데려가서 애써 웃음을 참으며 담당 의사에게 상태를 설명했다.

의사가 절대로 전부를 보지 못한다는 말은 의료계에 널리 알려진 격언이다. 그러나 그 의사는 뭔가 이상한 상황을 알아챌 정도로 경험이 많고 현명했다. 어떻게 16센티미터 정도 크기의 딱딱한 물체가 고의도 없었는데 반사적인 기침도 나오지 않고 여성의 목을 타고 내려갈 수 있었을까? 칫솔이 튜브처럼 생긴 식도를 조금도 찢지 않고 무사히 내려가기란 불가능해 보였다.

의사는 분명히 불가능한 일로 생각했지만 어찌된 영문인지 자세히 알아보기 위해 식도 X−선 촬영을 지시했다. 여성의 말은 사진이 현상되자마자 곧바로 확인되었다. X−선 사진에는 칫솔모가 입 쪽으로 위를 향한 채 칫솔이 식도에 끼어 있는 것으로 나타났다. 칫솔이 180도 회전할 수 있는 방법은 없었다. 아침에 일어나 몽롱할 때여서 그녀가 칫솔을 거꾸로 들고 칫솔질을 했거나 아니면 다른 어떤 일이 벌어졌을 것이다. 응급실 의료진들에게 둘러싸인 채 이동침대에 웅크려 누워 있는 그녀에게 의사는 X−선 사진을 보여주었다.

그녀의 얼굴이 붉어졌다. 뼈만 앙상할 정도로 가느다란 그녀의 손가락이 눈에 띄었다. 그녀는 마른 뺨 위로 굵은 눈물을 떨어뜨리며 진짜 이야기를 시작했다. 아침에 초콜릿 아이스크림을 실컷 먹은 그녀는 칫솔을 이용해 구토를 유발시키려다 넘어지면서 칫솔을 삼켜버리는 사고를 당했다. 그녀는 폭식증에 시달리고 있었다. 그리고 놀랍게도 그녀가 칫솔을 삼킨 것은 이번이 두번째였다. 첫번째 사건 때는 이번과 같이 꼼꼼한 의사를 만나지 못해서 다른 병원 응급실의 의료진들을 속여 넘길 수 있었다.

칫솔은 그녀를 마취시킨 상태에서 식도로 기다란 집게관을 넣어 쉽게 제거되었다. 의사는 그녀에게 정신과를 방문해 폭식증에 대한 검사를 받아보도록 권유했다.

폭식증은 남성보다 여성에게서 더 흔히 볼 수 있는데, 많은 양의 음식을 먹고 난 다음 체중을 유지하기 위해 스스로 구토나 설사를 일으키는 행동을 한다. 구토를 일으키기 위해서는 손가락을 이용하는 경우가 가장 많지만 다른 도구들이 사용될 때도 있다. 숟가락이 대표적이다. 그러나 이러한 도구들을 사용하는 중에 식도가 뚫려서 사망한 사례들도 보고된 바 있다. 칫솔 역시 흔히 이용되는 구토 유발 도구인데, 구토를 하기에 가장 좋은 장소인 욕실에 항상 비치되어 있기 때문이다.

세숫대야 물에 익사할 뻔한 환자

일흔두 살의 한국인 이 씨는 우측 폐에 커다란 덩어리가 있어 병원에 입원했다.

의사들은 환자의 흡연력을 '갑-년'으로 표시하는데 40년 동안 하루 한 갑씩 피웠다면 40갑-년의 흡연력이 된다. 같은 기간 동안 하루 반 갑씩 피웠다면 20갑-년이다. 이 한국인 노신사는 55년 동안 하루 세 갑씩 피웠으니 165갑-년의 흡연력을 가지고 있었다.

생검 바늘을 이용해 폐 속의 덩어리 일부를 떼어내서 검사한 결과 최악의 진단명이 확인되었다. 암이었다. 가족들이 병원으로 우르르 몰려왔다. 한국음식을 담은 그릇들이 창턱에 높이 진열되고 그 사이사이에 오래된 한국 신문지들이 끼여 있었다. 그가 입원한 동안 아내와 자녀들은 내내 병실을 떠나지 않았다. 손자들이 할아버지에게 진단명을 통역해서 알려주었다.

종양절제수술 준비가 시작되고 일주일 후 환자는 수술실로 실려 갔다. 흉부외과 의사는 환자의 우측 폐 상엽을 절제했다. 폐조직에 독소들이 잔뜩 끼여 새까맣게 변해 있던 상태를 감안할 때 수술 후 결과는 놀라울 정도로 좋았다. 수술 후 12시간 만에 기관 내에 삽입되었던 호흡관을 제거하고 약간의 산소를 마시며 스스로의 힘으로 호흡할 수 있었다. 수술 다음날 그는 한 무리의 가족을 이끌고 중환자실에서 외과병동으로 옮겨갔다.

다음날 아침, 환자의 딸이 한국말로 요란하게 외치며 간호사실로 달려왔다. 그녀는 아버지의 병실을 향해 간호사의 팔을 잡아끌었다. 병실에 누운 환자는 힘들게 숨을 쉬며 새파랗게 변한 입술에서 액체를 내뿜고 있었다. 간호사는 즉시 응급상황을 알렸다. 몇 분 내에 응급소생팀이 구조장비를 밀며 엘리베이터에서 쏟아져 나와서 병동 복도를 달리기 시합하듯 내달렸다.

습기 찬 병실에는 울거나 큰소리로 말하는 친지들이 가득 차 있었다. 간호사가 그들을 밀쳐냈고 의사가 환자를 살펴보기 시작했다. 의사는 즉시 호흡관을 환자의 목으로 삽입하여 성대를 지나 밀어넣었다. 호흡관은 폐 바로 위의 주기관지에 위치했다. 환자가 숨을 쉴 때마다 맑은 액체가 폐에서 호흡관 안으로 뿜어져 나왔으며, 의사는 가느다란 석션관을 이용해 곧바로 액체를 제거했다. 호흡관은 앰뷰백(Ambubag: 인공 호흡시 공기를 불어넣는 기구)이라 부르는 녹색 고무로 된 주머니모양의 수동식 호흡기에 연결되었다. 호흡기 치료기사가 그 주머니를 규칙적으로 쥐어 짜주면서 환자를 중환자실로 싣고 갔다.

주치의는 가능한 여러 가지 진단명을 생각해 보았지만 어느 것도 이 상황에 일치하지 않았다. 흡연과 관련된 폐질환(폐기종)과 심부전이 병합된 결과일 가능성이 많았다. 환자의 입에서 뿜어져 나오는 많은 양의 맑은 액체와 갑작스런 상태 악화를 설명해줄 만한 다른 진단명은 생각할 수 없었다.

이 씨는 빠르게 회복되었다. 다음날 아침 일찍 호흡관을 제거하고 약간의 산소 보충만 해주면 되었기 때문에 다음날 오후에는 병동으로 돌아갈 수 있었다.

환자는 모니터링을 쉽게 할 수 있도록 간호사실에서 가까운 1인 병실로 옮겼다. 저녁 회진 시간에 조용한 걸음으로 병실에 들어가던 담당 간호사는 그가 물이 넘치는 푸른색 대야에 얼굴을 담그고 있는 모습을 발견했다. 그의 딸이 환자의 머리가 아래로 향하도록 붙잡고 있었다. 간호사는 들고 있던 약병을 손에서 놓치며 비명을 질러 동료 의료진들을 불렀다. 딸은 구금 상태로 수사를 받게 되었다. 한국어 통역사가 경찰과 동행했다. 여러 가지 질문 끝에 사건이 밝혀졌다. 환자는 한국에서 흔히 행해지는 의식을 행하던 중이었다. 자기 스스로 폐 안으로 물을 흡입해 호흡기를 씻어내면 종양이 제거된다고 생각한 것이었다. 그와 같은 의식은 이 씨와 그의 가족들에게 익숙한 일이었기 때문에 진단받기 전에도 집에서 자주 그렇게 했었다. 딸은 그 의식 도중에 수술로 힘이 약해진 아버지를 도와주려 했던 것이었다.

가족들의 기억에 따르면 중환자실에 입원했던 날, 환자는 의식을 행하며 대야에 얼굴을 담그던 중 기침을 했고 그 와중에 반사적으로 물속에서 호흡을 했다.

　환자가 다시 중환자실로 가야 했던 이유가 명확해졌으며 진단명도 바뀌었다. 그는 거의 익사 직전까지 갔으며, 말하자면 세숫대야 물에 익사할 뻔했다.

화장지 한 뭉치를 먹은 소녀

열여섯 살 소녀 메간이 의사를 찾았다. 소녀는 거의 한 달 정도 배가 뒤틀리듯이 아파서 하는 수 없이 엄마 손에 이끌려 병원에 왔다.

그녀는 야윈 체구에 신경질적이고 안색이 창백했으며 긴 머리카락은 흐트러져 있었다. 회색 셔츠에 검은색 스웨트팬츠를 입은 엄마는 머리에 수건을 둘렀다. 소녀의 오렌지색 머리칼은 마치 회오리바람을 맞은 듯 헝클어진 모양으로 머리 위에 얹혀 있었고, 귀걸이는 어깨 위까지 길게 매달린 채 흔들렸다. 마치 TV쇼 '앨리스'에 나오는 플로우처럼 생겼다.

의사는 엄마가 지켜보는 가운데 어린 환자를 진찰했다. 아래에서 위까지 복부를 진찰한 그는 너무 얇고 통통하다는 생각을 했다. 의사가 청진기를 복부의 여러 곳에 대고 장관음을 듣는 동안 메간은 신경질적으로 자신의 손톱을 물어뜯었다.

"진찰하는 동안 네 팔은 옆으로 좀 치워 줄래?" 의사가 손으로 복부를 검사하면서 말했다. 소녀는 귀찮은 듯이 팔을 옆으로 내렸다. 관 속에 누운 모양이 되었다.

의사는 손을 오르내리며 소녀의 복부를 누르거나 두드려 보았다. 짧은 순간이지만 이상하다는 표정이 의사의 얼굴을 스치고 지나갔다. "이 덩어리가 뭐지?" 의사는 생각했다. '대변이 가득한 창자의 일부인 것 같군.'

"이제 옷 입어도 된다. 내 방에 가서 이야기하자." 의사는 손을 씻은 후 이렇게 말하고 진찰실을 나갔다.

방으로 돌아간 의사는 옅은 색 나무 책상 너머에 앉았다. 메간은 귀 밖으로 삐져나와 흔들리는 머리카락을 고정시켰다. 의사는 앞으로 기대 손깍지를 낀 채 단조로운 목소리로 말했다.

"네 배가 왜 아플까 생각해 보았다." 의사는 메간과 그의 엄마에게 말했다. "너는 정상 체중보다 거의 7킬로그램이나 덜 나간다. 네 배속에 뭔가 이상이 있기 때문인 것 같구나. 좀 더 검사를 해봐야 하겠다."

메간은 계속해서 신경질적으로 손톱을 씹었다. 손톱의 일부가 뜯겨나가 손가락 끝에 상처를 남겼다. 엄마가 딸의 손을 잡고는 움직이지 못하게 했지만 메간은 손을 당겨서 뺐다.

이틀 후 메간은 아동병원의 단독 진료실에 혼자 앉았다. 대장내시경 검사가 계획되어 있었다. 대장내시경 검사는 받는 사람이 매우 불편한 검사로, 항문을 통해 길고 유연한 관을 대장 속으로 밀어넣는다. 끝에는 카메라가 달려 있어 의사는 대장경을 조절하면서 모니터를 통해 대장벽의 모습을 관찰할 수 있다. 몽롱해지는 약물로 약간 마취를 시킴으로써 3미터에 달하는 관이 자연적 방향과는 반대방향으로 좁은 길을 헤쳐가는 동안 환자의 감각이 둔해지게 만든다.

메간은 손가락을 꼬면서 침대에 앉았다. 이제 털어놓아야 한다고 생각했다. 소녀는 의학적 의문에 대한 답을 알고 있었으며, 지금 하기로 예정된 대장내시경 검사를 받을 필요가 없었다.

의사가 검사 준비 상황을 살피고 몇 가지를 물어보기 위해 방으로 들어왔다. 초록색 병원가운을 입고 대머리 위에 수술모자를 쓴 그가 어린 환자에게 말했다.

"네 엄마가 대장내시경 검사에 동의를 해주어야 한단다." 의사가 바닥을 내려다보며 말했다. "엄마는 어디 계시니?" 이번에는 커튼을 향해 물었다.

메간은 겨우 알아들을 수 있을 정도의 가느다란 목소리로 말했다. "검사하실 필요 없어요. 어떻게 된 일인지 다 말씀드릴게요." 소녀의 이야기가 시작되었다. "저는 먹는 습관을 바꿔보고 있었어요. 배가 고프면 음식을 먹지 않고 대신 화장지를 한 뭉치 먹었죠. 체중을 빼기 위해서요. 아마 그 때문에 위장이 아픈 걸 거예요."

의사는 소녀를 응시하면서 조용히 말을 들었다. 메간의 배 속에서 만져지던 '덩어리'는 장관을 따라 내려가고 있던 화장지 뭉치였다. 메간의 병은 섭식장애였다. 소녀가 삼켰던 이러한 베조아르들이 배 속에 가득 찬 것이다.

베조아르(bezoar)란 위장관 내에 들어 있는 딱딱하고 소화되지 않는 물질을 말한다. 발모벽(머리카락을 충동적으로 먹는 병)이 있는 환자는 위장 속에 머리카락 베조아르 덩어리가 있는 경우가 많다. 노인환자들에게는 소화불능의 임플란트 물질로 된 베조아르가 가끔 있다. 그리고 바로 이 사례에서는 화장지 베조아르가 있었다.

베조아르는 수천 년 전에 처음 확인되었다. 베조아르라는 단어는 동물의 위장 속에서 발견되는 덩어리를 일컫는 터키어에서 비롯되었는데 마술적인 치유의 힘이 있다고 믿어졌다. 여러 가지 베조아르들이 각종 질환들에 처방되었는데, 한국 등 동양권에서는 소의 쓸개에서 발견되는 베조아르를 '우황' 이라 하여 효험 있는 치료제로 믿고 있다.

의사는 정신과 의사에게 메간의 행동장애 검사를 의뢰했다.

눈알이 빠져버린 재채기

스베틀라냐는 러시아어를 사용하는 예순여섯 살의 부인인데 양측 눈이 아파서 병원 응급실을 찾았다. 아들 세 명과 두 명의 딸이 엄마의 손을 잡고 흔들며 러시아어로 빠르게 말했다.

"엄마는 눈을 돌리다가 다쳤다고 합니다." 딸들 중 한 명이 강한 러시아식 억양으로 말했다.

검사 결과 갑상선과 관련된 눈질환이 매우 심각했다. 윗 눈꺼풀이 거의 보이지 않을 정도로 눈을 부릅뜬 상태에서 고정되어 곧 폭발할 듯한 표정이었다.

갑상선은 나비모양으로 생긴 신체 장기로 기관(목 부위)의 앞쪽에 위치하며, 몸의 대사 속도를 조절하는 갑상선 호르몬이 여기서 만들어진다. 어떤 질병이 있을 때는 이곳에서 갑상선 호르몬을 너무 많이 만들어낸다. 예를 들어 자가면역 질환의 하나인 그레이브스병에

서는 몸이 갑상선을 공격하고 갑상선이 여기에 자극을 받아 호르몬
을 다량으로 분비한다. 암페타민(amphetamine)의 효과처럼 갑상선
호르몬이 많이 분비되면(갑상선기능항진증) 맥박과 혈압이 증가하고
체중이 감소하며, 자극에 과민반응하고 식욕이 증가한다. 또한 더위
를 참기 어려워하는 등 몸의 대사 속도가 빨라졌을 때의 여러 증상들
이 나타난다.

그레이브스병은 이차적으로 눈에 영향을 주고(그레이브스 안병증)
실명을 초래할 수 있다. 눈 뒤쪽의 연조직들에 체액이 스며들어 부
종이 생기고 안구를 앞으로 밀어낸다. 나중에는 안구를 보호하는 안
면의 뼈 구조(안와) 바깥으로 안구가 밀려나가게 된다.

스베틀라냐는 이와 같은 안병증으로 2년 동안 고통을 받아왔다.
시야가 희미해지고, 빛에 눈이 심하게 부시며, 사물이 이중으로 겹
쳐 보이는 증상이 나타났다. 자신의 외모 때문에 집 바깥으로 외출
하는 일도 거의 없었다.

응급실 의사는 그녀가 앉아 있는 작은 공간 주위를 커튼으로 가
렸다. 그는 환자의 병력에 대해 좀 더 자세히 들어보려 했지만, 환
자를 둘러싸고 있던 다섯 명의 자녀들이 모두 엄마의 상태에 대해 각
자 다르게 해석했기 때문에 힘들었다.

"엄마 눈의 압력이 너무 높지 않은지 측정해 봐야 한다고 말씀드
려주세요. 압력이 높으면 시력에 문제를 일으키기 때문에 즉시 치료
를 해야 됩니다." 의사는 가족들에게 설명했다. "혹시 실명의 위험
이 있는지 알아보려는 것입니다." 러시아말들이 시끄럽게 방안을 가
득 채웠다. 손짓과 몸짓까지 합세해 시장바닥처럼 소란스러웠다.

몇 분간 소란이 가라앉기를 기다린 후 의사는 눈 안의 압력을 측정하는 작은 기구를 가져왔다.

"엄마에게 누우라고 말씀드리세요." 의사가 시작했다. "내가 엄마의 양쪽 눈에 각각 이 장치를 올려놓을 건데 아프지 않고 금방 끝난다고 말씀드리세요."

환자는 알아들은 것처럼 보였다. 의사가 측정기구를 눈에 위치시키는 동안 방안은 조용했다. 그때 일이 일어났다.

스베틀라냐가 갑자기 재채기를 했고, 그 순간 그녀의 양쪽 눈이 눈구멍에서 튀어나와 뺨에 대롱대롱 매달렸다. 눈의 중심은 흰색의 줄처럼 생긴 시신경에 붙어 있었고 그 주위로 눈근육들이 둘러쌌다. 이러한 근육들이 마치 낙하산 줄처럼 눈에 부착되어 빠져나온 눈이 사방으로 흔들렸다. 그녀가 머리를 돌리면 푸른색 눈이 따라서 흔들렸다. 아무런 소품이 없어도 영락없는 할로윈 분장처럼 무시무시한 모습이었다.

환자는 아파서 비명을 질렀으며, 두 명의 자녀는 무서워서 실신했고, 다른 자녀들은 의사에게 어떻게 좀 해 보라고 크게 소리를 질렀다. 재채기 때문에 양쪽 눈이 빠져버린 상황을 맞은 의사는 자신이 할 수 있는 일은 한 가지밖에 없음을 알았다. 바로 눈을 다시 밀어넣는 일이었다. 의사는 망설이지 않고 조심스럽게 수술용 장갑을 꼈다. 한 번에 한 개씩 안구를 부드럽게 잡고는 비명소리에 아랑곳하지 않고 마치 구멍에 말뚝을 끼우듯이 눈구멍 속으로 넣었다.

환자가 의사를 쳐다보았다(양쪽 눈으로). 자신이 언제 그렇게 비명을 지르고 몸부림을 쳤느냐고 묻는 듯 평안한 모습이었다. 그리고 조용히 감사의 말을 했다(러시아어로).

"이제 다 끝났나요? 너무 끔찍한 시간이었어요. 선생님!" 제일 어린 딸이 말했다. "우리가 엄마를 위해 할 수 있는 일이 있을까요?"

의사는 말없이 그 방을 나와 안과 팀을 응급실로 부르고는 다시 한 번 돌아보았다.

딱따구리는 공산주의자

"딱따구리는 공산주의자라네. 딱따구리는 공산주의자……." 노랫소리가 응급실 전체를 채우며 응급실에서 들리기 마련인 환자들의 신음소리와 기계장치들의 소음들을 삼켜버렸다. 의료진들은 누구도 고개를 돌리거나 하던 일을 멈추지 않았다. 그들에게는 또 한 사람의 미치광이가 경찰에게 끌려왔을 뿐이었다. 반면에 환자나 보호자들은 그 광경에 관심을 가졌다. 바쁘게 돌아가는 도시 병원 응급실에서 흔히 볼 수 있는 일이 아니었기 때문이다.

"적들을 타도하자!" 그가 소리를 질렀다.

이동침대에 얼굴을 아래로 하고 누운 그의 팔은 수갑으로 침대 난간에 연결되었고, 발은 굵은 가죽 끈으로 묶여 있었다. 우락부락한 경찰 네 명이 붙잡고 있는 남자는 말쑥하게 정장을 차려입고 있었다. 물에 흠뻑 젖었기 때문에 옷은 처음보다 많이 줄어든 상태일 것이다. 이동침대 위의 그의 몸 주위에는 마치 해자(垓子)처럼 물웅덩이가 만들어졌다. 그는 침대에 묶인 몸을 좌우로 거칠게 뒤틀었다.

그의 팔목에서는 그 자신이 다른 수갑으로 단단히 연결해 둔 은색의 매끄러운 손가방이 대롱대롱 매달려 흔들렸다. 10자리수의 디지털 잠금장치가 된 가방이었다.

"케빈 선생님이 어떻게 해보세요."

간호사는 환자를 눈으로 가리키며 응급실 의사에게 말하고 떠났다. 의사는 별로 내키지 않는 마음으로 환자를 향해 갔다. 그는 정신과적 문제를 별로 좋아하지 않았기 때문에 빨리 검사한 후 정신과 팀에게 의뢰해버릴 생각이었다.

개략적인 검사에서는 문제가 발견되지 않았다. 남자는 마른 체형에 몸이 젖은 상태였다. 짧은 머리카락은 머리에 달라붙어 있었다. 손톱에는 매니큐어를 칠했고 고급 이탈리아제 가죽구두는 너덜너덜해졌다. 지갑에 든 신분증으로 그의 신분이 밝혀졌다. 그는 서른두 살의 독일시민 게르하르트로 주소는 시내의 펜트하우스 콘도였다. 상의 주머니에는 물에 젖은 담배들이 들어 있었다.

"적을 처단하라!" 그가 소리쳤다. "적을 쳐부수자!" 그의 얼굴은 벌겋게 부어올랐으며 입술에는 멍이 들었다. 입 가장자리에서 피가 작은 강물을 이루며 흘러내렸다. 그러나 앞니 하나가 빠져나갔을 뿐 흰색 치아는 가지런했다.

게르하르트는 은행원이었다. 자신의 사업을 구상하면서 호숫가를 산책하던 중 나이아가라폭포에 가서 죽으라는 목소리가 들려왔다. 즉시 그 말을 따르기로 결심한 그는 나이아가라로 가는 가장 빠른 길이 그곳에서 불과 50미터 정도 떨어진 온타리오 호수라고 생각하고 전속력으로 달려가 호수에 뛰어들었다.

그 모습을 목격한 여행자들이 호수경비 경찰에 연락했고, 경찰이 탄 보트는 온타리오 호수 가운데로 헤엄쳐 가고 있던 게르하르트를 발견할 수 있었다. 그의 손목에는 무거운 금속제 서류가방이 매달려 있었다. 수영에 능숙했지만 이미 지친 모습이었던 그는 경찰의 구조를 완강하게 거부했다. 결국 호수경찰 네 명이 7월의 잔잔한 호수에 뛰어들어 구조를 원하지 않는 은행원을 '구조' 할 수 있었다. 경찰은 그를 병원에 데리고 갔다. 값비싼 옷을 입은 독일인 미치광이 은행가가 무슨 일을 저지를지 몰라, 폭발물 제거반이 호출되어 그의 서류가방을 조사했다. 그러나 그들이 가져온 장비로는 두꺼운 금속제 서류가방을 뚫을 수 없었다.

이리저리 생각한 끝에 두 가지 방법이 가능했다. 열거나 파괴하는 방법 중 여는 쪽을 선택했지만 먼저 게르하르트와 연결된 체인을 잘라야 했다.

"원숭이 열한 마리라니 너무 많잖아." 게르하르트가 자기 주위의 상황과 동떨어진 충고를 했다.

서류가방을 조심스레 두꺼운 폭발보호 통 속에 넣은 후 용감한 요원 한 명이 자물쇠를 잡았다. 응급실 앞 주차장에서 그 작업을 진행했는데, 만약 정말로 폭발물이 들어 있었다면 제거요원들을 보호하는 데 아무런 도움이 되지 않았을 터였다.

금속으로 된 작은 사각형 가방 안에는 그날 아침 은행 금고에서

훔친 2600만 달러의 양도성 수표가 들어 있었다. 게르하르트에게 급성 정신발작이 발생했고, 환청이 그를 이상한 방향으로 몰고 간 것이다.

의사는 그 소동에서 빠져나와 정신과 팀에게 연락했다. 자신이 처음부터 생각했던 대로였다. 그는 실망감이 드는 것을 어찌할 수 없었다. 자신이 먼저 그 서류가방을 손에 넣었더라면 하는 생각이 머리를 스쳤다.

"너는 얼음 속에 갇힐 것이다." 게르하르트는 여전히 고함을 질렀고 항정신병 약물이 든 주사기가 그의 엉덩이에 꽂히고 있었다.

뜻밖의 섹스 파트너

복통은 응급실에서 가장 흔히 보는 증상이다. 응급실에서는 언제나 심한 복통 때문에 허리를 구부리고 쩔쩔매는 사람을 최소한 한 사람 이상 만나게 된다. 복통의 원인은 열거할 수 없을 정도로 많다. 어떤 경우는 매우 심각해서 즉시 생명을 구하기 위한 수술을 해야 하지만, 다른 많은 경우는 큰 문제가 없이 저절로 낫기도 한다.

쉰여덟의 농부가 복통을 호소하며 병원 응급실을 찾았다. 그는 멀리 떨어진 자신의 농장으로부터 울퉁불퉁한 비포장길을 직접 운전해서 뼈가 부딪치는 듯한 고통을 겪으며 병원 응급실까지 왔다. 혈압이 위험할 정도로 낮았으며 맥박이 빨랐다. 응급실 간호사는 보조원에게 환자를 즉시 응급처치실로 데려가도록 지시했다. 의사와 간호사 팀이 바쁘게 움직였다. 정맥주사선이 확보되고 X-선 처방이 내려졌다. 환자는 의식을 잃기 시작했다.

거칠고 독립적인 성격인 그는 14시간이나 복통을 참다가 도저히 저절로 사라질 것 같지 않자 그제야 병원을 찾은 것이었다. 그의 아내 글라라가 간호사에게 상황을 설명해주었다.

"그이는 하루 종일 헛간에 나가 있었어요." 아내가 말을 시작했다. "저녁 먹으러 들어올 때 보니 찡그린 얼굴을 하고 주방문으로 들어오기도 어려운 듯이 보였죠. 어디가 아프냐고 물었지만 그는 벽을 손으로 짚으며 아무 말 없이 식탁에 와 앉더군요. 저녁식사로 그이가 좋아하는 음식을 준비했는데 그이는 아주 조금밖에 먹지 않았어요. 식사 후에는 거실까지 그이를 부축해주어야 했죠. 마침내 그이가 말하기를 농장의 말들 중 한 마리가 자신의 배를 걷어찼다고 하더군요. 그이는 더 이상 말하고 싶어 하지 않았어요. 제가 다른 일꾼들에게 시키지 왜 혼자서 일을 했냐고 들볶기 시작했기 때문이죠. 그이는 동물들을 무척 사랑하거든요."

제드의 상태는 급속히 나빠지기 시작했다. "정맥주사선으로 도파민 주세요. 혈압이 떨어지고 있습니다." 응급실 의사가 큰소리로 지시했다. "급성복증 같은데, 수술 전 처치하고 수술실로 보냅시다."

제드는 의식이 희미했기 때문에 아내가 수술동의서에 서명했다. 급히 수술실로 옮겨져서 복부가 절개되어 열렸다. 그의 배 안은 대변으로 가득 차 있어서 수술팀은 마스크를 했음에도 지독한 냄새로 고생해야만 했다. 수술팀원들의 입에서는 숨을 들이마실 때마다 신음소리가 새어나왔다. 집도의사는 생리식염수로 복강 내 장기들로부터 대변을 씻어냈다. 의사는 소시지모양의 창자들을 살펴보고 대장의 끝부분인 항문 근처의 직장이 크게 찢어져 있음을 발견했다.

대장은 폐기물들로 가득 차 있는 긴 관인데, 대장의 안쪽 막(점막이라 부른다)에 손상이 생겨서는 안 된다. 만약 그렇게 되면 제드의 경우처럼 대변이 밖으로 빠져나가서 세균성 복막염이 발생하게 된다. 항생제가 없던 때에는 복막염에 걸리면 대부분이 사망했다. 미국의 전설적인 마술사 후디니(Harry Houdini)도 1926년에 복막염으로 사망했다. 그때 항생제가 있었더라면 그는 쉽게 회복될 수 있었을 것이다.

수술은 잘 끝났고 제드는 빠르게 회복되었다. 며칠 동안 아무리 구슬리고 달래도 제드는 자신의 직장이 찢어진 사연을 말해주지 않았다. 직장이 저절로 찢어지는 경우는 없기 때문에 의사는 뭔가 숨기는 것이 있다고 생각했지만 그것이 무엇인지 알 수 없었다. 아내는 그 문제에 별 관심이 없이 남편 옆에서 태평스럽게 잠을 잤다. 결국 제드는 정신과 의사 앞에서 자신의 모험담을 털어놓게 되었다.

제드에게는 여자친구가 있었는데 보통의 여자가 아니었다. 돼지 품평회에서 상을 받은 볼라는 제드에게 주대회에서 우승을 안겨준 이상의 존재였다. 볼라는 낮과 밤에 헛간 앞마당에서 제드의 밀회 상대였다. 즉 제드는 볼라와 섹스를 하고 있었다.

돼지의 페니스는 코르크마개뽑이처럼 한 점을 향해 꼬여 있는 모양이다. 오른쪽이 왼쪽보다 강하며, 근육의 수축과 이완에 따라 페니스가 톱니나사처럼 앞뒤로 뒤틀린다. 먼저 암돼지의 질 가장자리에 단단히 걸린 다음 빠르게 뒤틀리다가 커다란 폭탄을 발사하고 교미가 끝난다. 결국 수돼지의 페니스가 제드의 직장을 찢어놓았던 것이다.

제드의 섹스 파트너는 여러 마리였지만 자신의 동물 애인들에 대해 밝히지 않았다. 의료진은 환자의 기밀을 지키면서 아내 글라라에게는 동물들의 탈선에 대해 알려주었다. 글라라는 입원 2주일 후 남편을 집으로 퇴원시켰다. 그러나 아내는 자신의 경쟁자들에 대해 별 관심이 없는 듯이 보였다.

수간(獸姦)이라 부르는 동물애호증은 보고된 것보다 훨씬 흔하다. 대부분의 사례가 의학적 처치 없이 끝나기 때문이다.

억제되지 않는 욕망

스물두 살의 남성이 법원의 명령으로 정신과 의사의 진찰을 받게 되었다. 그는 마찰성욕도착증으로 체포되었는데 이것은 원하지 않는 상대에게 자신의 신체를 문지름으로써 성적 만족을 얻는 행동을 말한다. 주로 버스나 지하철 등 대중교통 수단이나 스포츠 경기장 등과 같이 사람들이 부딪칠 정도로 붐비고 밀폐된 장소에서 행해진다. 하워드는 프로하키 게임의 경기 사이에 아버지와 함께 구경하고 있던 젊은 여성에게 자신의 성기를 문지르다 체포되었다. 그는 그 행위로 너무 흥분한 나머지 오르가즘을 느꼈다. 분노한 아버지와 함께 하키팬들이 그에게 달려들어 큰 사고가 벌어지려 하자 안전요원이 그를 대피시켰다.

정신과 의사는 대머리 산타크로스처럼 생겼는데, 노년의 뚱뚱한 몸에 옅은 갈색의 스리피스수트를 입고 있었다. 주머니 시계는 커다란 배를 아슬아슬하게 걸쳤고 두꺼운 안경 뒤로 안구가 확대되어 보였다. 체구에 비해 너무 작아 보이는 가죽 팔걸이의자 속으로 몸이 압축되어 들어간 모습이었다. 하워드는 재판일 전에 정신과 의사의 상담을 받는다는 조건으로 보석이 허가되었다. 그는 면도도 하지 않고 체육복 차림으로 혼자 의사 진찰실에 들어갔다.

"하워드 군, 여기에 온 이유를 알고 있지?" 정신과 의사가 말했다. "자네 자신에 대해 이야기해 보게."

"저는 순간마다 아주 흥분됨을 느낍니다." 하워드가 말하기 시작했고 사실이 곧 밝혀졌다.

그는 자신보다 나이가 두 배나 많은 여성과 결혼했다. 그들은 하루에 세 차례씩 섹스를 했으며 거기에 더하여 하워드는 마스터베이션도 하루에 네 번 했다. 그는 상호 합의하는 섹스를 더 자주 하고 싶었다. 하지만 아내는 하루 세 차례만 섹스하기로 동의했다. 그는 마스터베이션을 하면서 새디즘과 마조히즘적 상상을 했으며, 풍선 인형, 진공흡입기, 그리고 포르노비디오나 잡지책도 이용했다. 포르노 월간 잡지를 거의 10여 종이나 구독했고, 일주일에 여러 차례 몽정을 경험했다. 이렇게 잦은 몽정 등으로 키가 10센티미터나 줄어들었다. 그는 콘돔의 배를 타고 자신이 알고 있는 여성들의 음부를 탐험하는 여행을 떠났다. 하워드는 접촉 자극 없이 성적인 환상을 하는 것만으로도 오르가즘에 도달하는 능력을 가졌다.

그의 성적인 환상은 어릴 때부터 시작되었다. 학교 샤워장에서 마스터베이션을 하다 다른 학생들에게 들킨 경험은 자주 있었다. 고등학교 때는 언제나 동급생 여학생 몇 명과 관계를 맺었다. 그러나 그의 주체할 수 없는 성적 욕구 때문에 관계는 곧 끝나버리곤 했다.

그의 아버지는 하워드가 여섯 살 때 갑자기 사망했다. 그 후 그는 어머니와 밀접한 관계를 유지해 왔으며, 열여섯 살이 될 때까지 가끔씩 어머니의 침대에서 잠을 잤다. 그는 정신적으로 퇴행하여 손가락을 빨고 이불에 오줌을 싸기 시작했다. 그렇지만 하워드는 뛰어난 학생이었으며 교회에도 꼬박꼬박 나갔다.

하워드는 대학생 때 아내를 만났다. 그들은 곧 약혼했고 그로부터 1년 안에 결혼했다. 그는 아내를 "성숙되고, 이해심 많으며, 유능한" 사람으로 "내 엄마를 빼 닮았다."고 표현했다.

하워드는 자신이 아는 거의 모든 여성들에 대해 계속해서 환상을 품었다. 여자 친구나 지인들뿐만 아니라 길을 가다 마주친 여성들에게까지 그랬다. 그는 결혼 직후부터 직장동료들이나 이웃 사람들과 불륜관계를 갖기 시작했으며 일주일에 최소한 두 차례 매춘도 했다.

그는 아파트 단지 주위에서 관음증적인 행동을 하고, 스포츠 경기장에서 모르는 여성들을 더듬곤 했지만 체포되기 전까지는 그와 같은 성적 행동들 때문에 문제가 된 적이 없었다.

하워드는 자신의 성적 충동이 지나친 것(남성들의 경우는 음란증, 여성들은 색정증이라 부른다)을 알았지만 체포되는 것을 더 걱정했다. 그는 한 달 동안 유능한 의사의 치료를 받았다. 그러나 집중적인 정신치료에도 불구하고 거의 개선되지 않았다. 그의 성욕은 여전히 강했고 법정은 그에게 구금 6개월을 선고했다.

내 가슴에 바느질용 바늘 있다

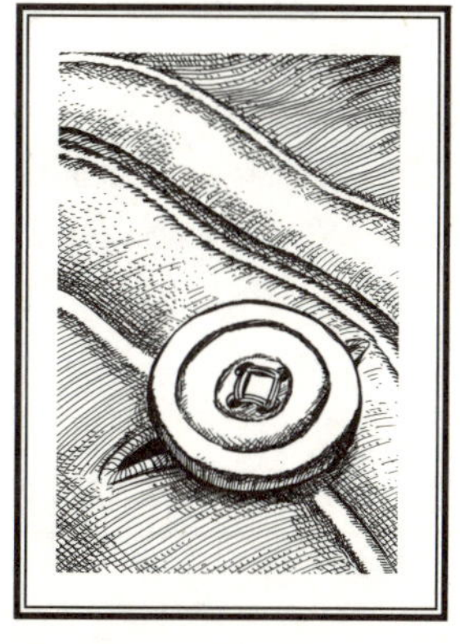

마흔 살의 여성이 2차 의견을 듣기 위해 심장전문의를 찾았다. 그녀는 1년 전부터 왼쪽 가슴에 날카로운 통증을 느꼈고 운동을 하면 더 악화되었다. 그녀는 흡연을 하지 않았고, 당뇨나 고혈압 혹은 콜레스테롤 이상이 있었던 적도 없었다.

그녀의 주치의는 별다른 원인을 찾을 수 없어서 심장전문의에게 의뢰했다. 심장전문의는 통상적인 부하검사, 심장초음파 등의 검사를 시행한 후 그녀의 증상이 심장과는 관련 없다고 판단하여 주치의에게 돌려보냈다. 주치의는 그녀의 증상이 근골격계에서 비롯되었으리라고 보고 소염진통제를 처방했지만 거의 효과가 없었다. 결국 그녀는 자신의 몸에 뭔가 문제가 있다고 주장하며 다른 의사로부터 2차 의견을 들어볼 것을 요청했다.

2차 의견을 의뢰받은 심장전문의는 검사결과들을 검토한 후 첫 번째와 동일한 결론을 내렸다. 즉 가슴 통증의 원인이 심장에 있지 않다는 결론이었다. 대답을 찾지 못한 그녀는 주치의를 다시 방문했다.

그녀가 진찰실로 들어오자 주치의는 화난 표정으로 그녀를 바라보며 퉁명스럽게 물었다. "아직도 통증이 있다는 건가요?"

"이제 저는 어떻게 해야 하죠? 통증은 여전해요. 그리 심하지는 않지만 무슨 문제가 있는 것이 분명하기 때문에 너무 신경이 쓰여요. 달리 할 수 있는 방법이 없으면 다른 의사에게 보내주셨으면 좋겠어요." 그녀는 눈물을 글썽이며 말했다.

"보세요." 의사가 말하기 시작했다. "심장에 아무 문제가 없는 것이 분명하지 않습니까? 1년 전부터 그랬어요. 어디에 문제가 있건 죽을병이 아니란 말이죠. 그냥 그렇게 살아도 될 겁니다. 좀 더 강한 진통제를 처방해드리면 어떻겠습니까?"

의사는 가운 주머니에서 처방용지를 꺼내 코데인 처방을 갈겨썼다. 그리고는 그녀에게 처방전을 건넨 다음 진찰실을 나갔다.

그녀는 실망감만 안고 집으로 돌아갔다. 통증도 문제였지만 뭔가 잘못되었다는 생각이 그녀를 더 힘들게 만들었다. 그녀는 인근 지역병원의 응급실을 찾아가보기로 했다.

오후 8시의 응급실은 동물원처럼 북적였다. 그 와중에도 그녀는 접수 간호사에게 차분히 자신의 병력을 이야기했다. 그녀는 조바심 내지 않고 차분히 네 시간을 기다린 끝에 의사를 만날 수 있었다. 젊은 의사는 피곤하고 조금 난처한 표정이었다. 차트에서 눈을 떼지 않은 채 그녀가 기다리는 방으로 들어가 자신을 소개했다.

"저는 닥터 라이트입니다." 의사가 말문을 열었다. "가슴에 통증이 있어서 오셨다고 들었습니다."

그녀는 자신의 이야기를 하며 울기 시작했다. "가슴 통증이 심하진 않지만 없어지지 않고 있어요. 숨을 깊게 쉬거나 기침을 하면 조금 더 나빠지는데 특히 왼쪽으로 누우면 더 합니다."

혈압과 맥박, 호흡수, 그리고 심전도검사는 완전히 정상이었다. 의사는 자신의 앞에 앉은 젊은 여성 환자를 안심시키려 했다.

"말씀하시는 것을 보니 별 문제가 없어 보입니다. 집에 가시면 금방 좋아지실 거예요. 돌아가셔도 된다고 간호사에게 말하겠습니다."

"안 됩니다." 그녀가 반항적으로 말했다. "이상이 있는 게 분명해요. 제발 좀 찾아내주세요. 전 X-선을 찍어보고 싶습니다." 의사는 빠져나가려 했다. "보세요. 지금까지 속속들이 검사를 하지 않았습니까? 몸에 이상이 있기 때문에 가슴에 통증이 생긴다는 생각을 버리셔야 합니다."

"X-선만 찍어보면 됩니다. 제발 한 번만 처방해주세요. 그러면 이제 그만 할게요. 도와주시기 전까지는 돌아가지 않을 거예요. 원하시면 경비원을 불러서 내쫓으세요."

그녀는 의사를 똑바로 쳐다보았다.

의사는 할 수 없다는 듯이 한숨을 쉬면서 방을 나가 두 개 각도의 가슴 X-선 촬영을(옆에서 그리고 뒤에서 앞으로) 처방했다. 환자와 더 이상 싸울 시간도 없었고, 어서 이 괴짜 환자를 자신의 머리에서 지우고 싶었다. "왜 꼭 나에게만 이런 환자가 배당될까?"

조금만 있으면 새벽 두 시의 커피 마시는 시간이었다. 라이트 의사가 당직 방사선과 레지던트 앞을 지날 때 레지던트가 그를 불렀다. "라이트, 이리 와 보게." 레지던트가 말했다. "마침 자네에게 가려는 중이었네. 6번방 환자 X-선 한 번 보게." 그는 필름을 판독 상자에 끼우고는 불을 켰다. 순간 닥터 라이트는 커피를 마실 생각이 사라졌다. 그의 심장이 빠르게 뛰고 입이 벌어졌다. 가슴 X-선 사진에 가느다랗게 반짝이는 은색 물체가 보였다. 그 여성의 심장에 박혀 있는 것 같았다.

의사는 돌아서서 자신의 환자에게 달려갔다. 가슴에서 뭔가 치밀어 오르는 느낌이었다. 그는 어떻게 환자에게 사과해야 할지 몰랐다. 환자의 얼굴을 똑바로 쳐다볼 수 없어 바닥을, 자신의 구두를 내려보다가 커튼으로 눈을 돌렸다. "X-선 사진을 보니 가슴에 뭔가 문제가 있는 것 같습니다."

그녀는 알고 있었기에 화를 내지 않고 조용히 의사를 쳐다보았다. 다만 어서 답을 말해달라고 눈으로 말했다.

"CT를 찍어 봐야겠습니다. 긴 바늘처럼 생겼는데 정확하게 무엇인지 알 수 없군요."

컴퓨터단층촬영(CT)에서 물체가 확인되었다. 심장을 둘러싼 막(심낭) 안에 박혀서 심실로 향해 있는 바느질용 바늘이었다. 환자에게 자세히 물어보자 그녀는 1년 전 소파에 앉아서 아들의 야구 유니폼에 단추를 달다가 잠이 들었던 희미한 기억을 떠올렸다. 그때 가슴에 날카로운 통증과 함께 숨쉬기가 어려워 잠에서 깨어났지만 그 같은 느낌이 곧 사라졌기 때문에 잊고 지냈다. 그래서 자신이 느끼는 증상과 관련시킬 수 없었다.

그녀는 입원했다. 그리고 그 다음날 흉부외과 의사가 흉강경이라는 기구를 그녀의 가슴 속(흉강)에 삽입한 후 눈으로 확인하면서 문제의 바느질 바늘을 빼냈다. 수술 후 그녀는 아무런 후유증 없이 회복되어 다음날 퇴원할 수 있었다. 그녀는 자신의 주치의를 다른 의사로 교체했고, 자신의 퇴원요약 기록 사본을 이전에 자신을 진찰한 모든 의사에게 보냈다. 하지만 아무도 그녀에게 사과하거나 답장을 보내지 않았다.

화장실 변기에 자신의 피를 버리는 간호사

서른다섯 살의 간호사가 빈혈 때문에 병원에 입원했다. 8년 전 세번째 임신 말기에도 원인 모를 빈혈을 앓은 병력이 있었던 그녀는 적혈구 제제를 3단위 수혈받았다.

혈액 흐름은 우리 몸에 필요한 성분의 공급 통로 역할을 하는 긴 액체 고속도로라 할 수 있다. 이때 산소는 모든 세포가 적절히 기능하기 위해 필수적이다. 혈액 속에 녹아 들어가기도 하지만 적혈구(RBC)가 운반하는 산소에 비하면 매우 적은 양이다. 적혈구가 운반하는 산소는 헤모글로빈이라는 특수 단백질에 결합된 상태로 고속도로를 이동한다. 산소가 헤모글로빈에 결합하기 위해서는 철이 필요하다. 철분이 함유된 음식을 섭취해야 하는 이유가 여기에 있다.

헤모글로빈을 측정하면 우리 몸의 적혈구 수가 얼마나 되는지 알 수 있으며 이것은 산소운반 능력을 나타낸다. 빈혈환자들은 헤모글로빈 수치가 낮다. 우리 몸을 가동시키는 연료가 적어서 쉽게 피곤해지고 숨이 차게 되는 것이다.

빈혈은 여러 가지 원인으로 나타날 수 있다. 그 가운데 출혈은 빈혈의 가장 확실한 원인이다. 눈에 보이지 않는 출혈도 있는데, 이것은 찾아내기가 어렵다. 출혈이 위장관의 어느 부위에서 발생하여 서서히 진행될 수도 있다. 위궤양이나 십이지장궤양에서 생기는 출혈과 같은 경우다. 대장의 종양이나 폴립에서 생기는 출혈은 화산의 용암처럼 조용히 흘러나온다. 방광이나 신장에서 한 방울씩 새어나갈 수도 있다. 젊은 여성들에게 나타나는 빈혈의 가장 흔한 원인은 월경 양이 많은 경우다. 비출혈, 즉 코피가 빈혈의 원인인 경우도 가끔씩 보고된다. 혈변, 토혈, 객혈, 월경과다, 혈뇨 등은 출혈의 다른 형태라 할 수 있다.

빈혈의 원인이 되는 다른 한 축은 생산이다. 철분, 비타민 B_{12}, 그리고 엽산의 섭취량이 적거나 위장에서 제대로 흡수하지 못하면 충분한 적혈구를 만들어내지 못하여 빈혈이 발생한다. 적혈구가 만들어지는 장소는 골수인데, 이곳을 독소들이 파괴할 수도 있다. 드물지만 약물들도 적혈구 생산을 방해할 수 있다. 종양이 골수를 침범하여 적혈구 생산에 문제를 일으키기도 한다.

또 적혈구는 정상적으로 만들어지지만 혈류 내에서 파괴되어 버리는 경우가 있다. 용혈이라 부르는 현상이다. 자가면역 반응으로 용혈이 발생할 수 있는데 이는 몸이 적혈구를 파괴하는 항체를 만들어내기 때문에 일어난다.

빈혈 환자가 의사를 찾아가면 의사는 먼저 환자의 병력을 듣고 진찰과 검사를 하여 거의 대부분의 경우에 원인을 확인할 수 있다. 환자는 자신이 어떤 약물을 복용하고 있는지, 몸 어디에서 출혈이 있는지 말할 수 있다.

알코올중독자들은 비타민이 결핍되는 경우가 흔하다. 알코올은 위장에 염증과 궤양을 일으키기도 한다. 많이 마시는 사람의 경우에는 원인을 찾는 데 중요하게 고려된다. 이를 위해서는 위내시경이라는 길게 생긴 관을 위장 안으로 삽입해서 궤양을 직접 관찰한다. 내시경이 반대편으로 들어가서 위로 올라가며 종양이나 궤양을 관찰하는 검사도 있고(대장내시경), 방광에 생긴 종양을 찾는 다른 내시경(방광경)도 있다.

출혈 부위가 확인되지 않으면, 간단한 혈액검사로(출혈량에 비하면 훨씬 적다) 용혈 여부를 진단할 수 있다. 마지막으로는 골수를 채취하여 조직검사를 한다. 구멍이 큰 바늘을 골반뼈 안으로 삽입한 다음 뼈의 중심부위를 비틀면서 양손을 이용해 마치 이빨을 뽑듯이 뽑아낸다. 이렇게 얻은 표본을 현미경으로 관찰하여 세포 수가 충분한지 그리고 암세포가 침범해 있지 않은지 등을 확인한다.

그 간호사는 피곤했다. 6개월 전부터 피로감이 생기기 시작해서 점점 심해졌다. 상태가 너무 심각해서 간호업무를 수행할 수 없을 정도였다. 원인을 찾기 위한 여러 가지 체크리스트들을 질문했지만 환자의 대답에는 출혈 부위를 유추할 만한 내용이 없었다. 아스피린처럼 출혈을 일으키는 약물을 복용하지 않았고, 불법 약물을 사용하거나 술을 많이 마시지도 않았다. 진찰할 때 그녀의 피부는 거의 괴물처럼 창백했다. 눈동자 흰자위(결막)는 새하얀 색이었다. 혈압은 정상이었지만 맥박은 분당 110회 정도로 약간 빈맥이었다. 비정상적인 림프절이나 덩어리가 만져지지도 않았다. 헤모글로빈 수치는 매우 낮은 6.0(정상은 12~14)이었다. 진단을 위해 여러 가지 검사를 시행했지만 특별한 이상 소견은 나타나지 않았다.

거의 모든 검사를 시행한 다음 골수를 뽑아 생검을 시행했다. 병리과 의사는 표본을 관찰한 후 철분의 양은 정상이지만 망상 적혈구가 과도하게 많은 세포증식증 소견을 보고했다. 혈구들은 골수에서 만들어질 때 성숙해 가면서 여러 단계들을 거친다. 전쟁터에서 많은 수의 군인이 전사하면 경험이 부족한 신병들을 전선에 배치하게 된다. 적혈구들도 비슷한 방법으로 대처한다. 출혈이나 파괴로 인해 성숙된 정상 세포들이 없어지면 미성숙 형태의 세포들을 증식시켜 정상보다 일찍 혈류 속으로 보낸다. 이와 같은 세포들은 해부학적으로 정상 적혈구들과는 다른 형태를 보이는데 이를 망상 적혈구라 부른다.

그 여성은 망상 적혈구가 많았기 때문에 가능한 원인들을 좁힐 수 있었다. 그러나 철저하게 찾아보았지만 출혈은 확인되지 않았다. 특수한 표식을 달아 둔 적혈구를 주사하여 미세한 출혈이라도 찾아보려 했지만 역시 나타나지 않았다. 헤모글로빈에 유전적으로 이상이 있는 경우를 생각하여 검사했지만(겸상적혈구증, 지중해빈혈) 이것 역시 아니었다. 그녀는 혈액 2단위를 수혈 받은 후 상태가 좋아져서 퇴원했다.

2개월 후 그 간호사는 같은 문제로 이번에는 다른 병원을 찾았

다. 같은 검사들이 시행되었고 역시 아무런 결과도 없었다. 그녀는
또다시 수혈을 받고 퇴원했다. 그로부터 3개월 후 그녀는 세번째로
병원에 입원했다. 같은 과정을 거쳤지만 역시 같은 결과였다. 1년
동안 그녀는 각각 다른 병원에 네 차례 입원했다.

스위스 로잔에서 국제혈액학회 연례회의가 열렸다. 그 회의는
여러 학자들이 첨단 연구 경험을 공유하는 기회였다. 회의 중 만찬
에서는 옛 친구들끼리, 같은 국가에서 온 혈액학자들끼리 모여서 식
사를 했다. 함께 술을 마시고 대화를 나누었다.

"지난달 저는 아주 고약한 사례를 만났어요." 그들 중 한 명이 말
을 꺼냈다. "젊은 간호사였는데 헤모글로빈이 6.0에 불과했지요.
그러나 아무리 해도 원인을 찾을 수 없지 뭡니까. 할 수 있는 검사는
다 해봤지만 나오지 않았어요."

침묵이 흐른 후 앞에 앉은 혈액학자 여섯 명 가운데 세 명이 같은
이야기를 했다. 그 간호사가 그들 각자의 병원에 같은 문제로 찾아
갔고 모두 같은 과정을 거쳤던 것이다. 만찬이 끝날 때쯤 그들은 그
가운데 한 명이 자신의 병원에서 그녀를 계속적으로 관찰하기로 합
의하고 한 가지 계획을 마련했다.

그로부터 한 달 안에 그 젊고 창백한 간호사는 아무것도 모른 채
스스로 병원을 찾았다. 새삼 놀랄 것도 없이 그녀의 헤모글로빈은
6.4로 낮았고 입원이 결정되었다. 그녀는 어쩔 수 없다는 표정으로
입원에 동의했다.

그녀의 병실 안에 설치해둔 몰래카메라가 출혈에 대한 진상을 확
인해주었다. 스위스의 만찬장에서 반쯤 취한 채 둥근 테이블 주위에

앉아 있던 의사들은 "모든 의학적 의문들에는 해답이 있다."는 말을
이해했다. 그리고 "모든 문제들에는 의학적 해결책이 있다."는 말과
다르다는 것도 알았다. 출혈의 원인은 여러 가지가 있다. 많지만 한
정된 숫자의 원인들이다.

　서른다섯 살의 그 여성은 스스로 출혈을 발생시켰다. 그녀가 정
맥주사용 바늘로 자신에게 출혈을 일으키는 모습이 카메라에 포착
되었다. 그녀는 자신의 혈관에서 적은 양의 혈액을 뽑아내어 타인에
게 수혈하지 않고 화장실 변기에 버렸다.

　처음에는 완강히 부정했지만 비디오 증거를 보이며 추궁하자 그
녀는 결국 포기하고 사실을 시인했다. 그녀는 정신과 의사의 자문을
받아 병원에 강제 입원되었다. 자해할 위험이 있다는 정신과 의사의
소견을 따른 것이었다. 그녀는 퇴원한 지 2개월이 지났을 때 버스에
부딪쳐 사망했다. 과량의 출혈이 원인이었다.

너무 많은 소변으로 말을 탈 수 없는 기수

기수가 말에서 떨어졌다. 기수는 키 158센티미터 몸무게 46킬로그램으로 540킬로그램의 말을 타고 시속 50킬로미터 이상으로 달리던 중이었다.

여덟 명의 기수와 말이 결승점을 400미터 남겨 두고 바짝 붙어서 치열하게 경쟁하고 있었다. 그런데 트랙의 경계 레일과 다른 말들 사이에 끼여서 말의 앞다리가 꼬여버렸다. 말의 앞다리 뼈가 부러지는 소리가 관중석까지 들렸다. 기수는 무중력 상태처럼 앞으로 날아올랐다. 단지 2초의 짧은 순간이었지만 마치 한 시간을 난 것처럼 생각되었다. 기수가 먼지 쌓인 바닥에 등을 부딪치며 떨어질 때 큰 소리가 울렸다. 공포의 기억을 마지막으로 그는 의식을 잃었다. '마일스투고'라는 이름의 말은 공중에서 머리를 꼬리 쪽으로 돌리며 기수 위로 넘어졌다. 말의 목이 부러지고 기수는 팔다리와 갈비뼈가 부러졌다.

기수의 목을 경추부목으로 고정시키고 헬리콥터에 실어 응급의료센터로 이송했다. 외상담당 의료팀이 흉관을 삽입하자 환자의 가슴에서 엄청난 양의 피가 흘러나왔다. 마취과 의사가 기도확보를 위해 쇼크 상태인 환자의 기도에 호흡관을 삽입했다.

정맥주사선을 통해 혈액제제를 쏟아 넣었다. 농축적혈구액, 혈소판, 신선동결혈장이 주입되었다. 골반, 양쪽 대퇴골, 상완골, 비골, 경골, 그리고 늑골 여덟 개가 부러져 나갔다. 무릎으로는 부러진 뼈가 피를 묻힌 채 드러나 있었다. 한 쪽 콩팥이 반으로 갈라졌고, 비장(지라)이 터졌으며 간이 찢어졌다. 크게 부딪쳤지만 두개골 내에 출혈이 발생한 증후는 없었다.

"이 친구를 살릴 수 있을까?" 외상팀장이 말했다. "손상이 너무 심해. 정형외과, 일반외과, 비뇨기과, 신경외과 모두 부르고 목사님도 대기시켜."

손상이 심하면 콩팥의 기능이 망가질 수 있다. 콩팥에 혈액이 적절히 공급되지 않아 소변을 만드는 양이 줄어들게 된다. 출혈이 생기면 죽지 않기 위해 몸이 가능한 한 체액을 많이 보존하려는 것이다.

그런데 많은 출혈이 있었음에도 기수는 응급실에 도착했을 때부터 경주마처럼 소변을 뿜어냈다. 한 시간에 300밀리리터의 희석된 소변을 배출했다. 정상적인 배출량은 한 시간에 40~60밀리리터 정도다. 소변과 함께 칼륨도 배출되었기 때문에 그의 혈청 칼륨 수치는 위험할 정도로 낮았다. 이러한 현상은 정상적 생리과정과는 정반대였다. 언급한 것처럼 출혈이 생기면 다뇨가 아니라 핍뇨(乏尿: 소변량이 적음)가 발생하는 것이 정상이다.

병원에 도착한 후 24시간 이내에 액제제를 100단위 이상 수혈했다. 혈액은행에 보관된 양의 대부분이 그의 몸에 들어갔다. 외과의는 하루 종일 수술했다. 뼈를 맞추고, 장기들을 꿰맸다. 아주 위험한 상황이었지만 그는 하루하루를 버텨냈다. 그는 계속해서 많은 양의 소변을 배출했고 혈압은 너무 낮아 측정하기도 어려울 정도에 머물렀다. 며칠이 지나자 소변이 정상화되었다. 신장전문의도 이렇게 다뇨증이 나타난 이유를 찾을 수 없었다.

"마지막으로 한 가지 가능성을 생각해볼 수 있습니다." 꼼꼼한 의사가 말했다. 그는 환자의 병상을 지키고 있던 경주말 기수들에게 물어본 다음 자신의 생각을 확인하게 되었다.

경마의 세계에서는 기수가 경주에 출전하기 전에 라식스(Lasix)라는 약물을 복용하는 경우가 흔하다. 라식스는 강력한 이뇨제로 신세뇨관에서 나트륨의 흡수를 방해한다. 나트륨이 신세뇨관이라는 구조물에 흡수되지 않고 통과해 버리면 물도 나트륨을 따라 나가게 된다. 그 기수는 경주 6시간 전에 라식스라는 약물을 다량으로 복용했다. 몸에서 소변을 많이 내보내 체중을 줄이기 위해서였다. 그러나 약의 효과가 너무 늦게 나타났고 너무 오래 지속되었다. 라식스 용량이 과도하면 귀에서 울리는 소리가 나거나(이명), 근육의 경련과 어지럼증이 생기고, 균형을 잡기가 어려워질 수 있다. 경주를 녹화한 비디오를 검토한 결과 사고 당시 기수가 말을 제대로 통제하지 못하고 있었으며 이로 인해 말에서 떨어진 것으로 판단되었다. 아마 방광이 가득 차 있었거나 소변이 너무 많이 배출되어 어지러운 상태였을 것이다.

　기수는 기적적으로 살아났으며 6개월의 재활 훈련을 거쳐 지팡이 두 개를 이용하여 걸을 수 있게 되었다. 그리고 다시는 말을 타지 않았다.

아산화질소 파티의 후유증

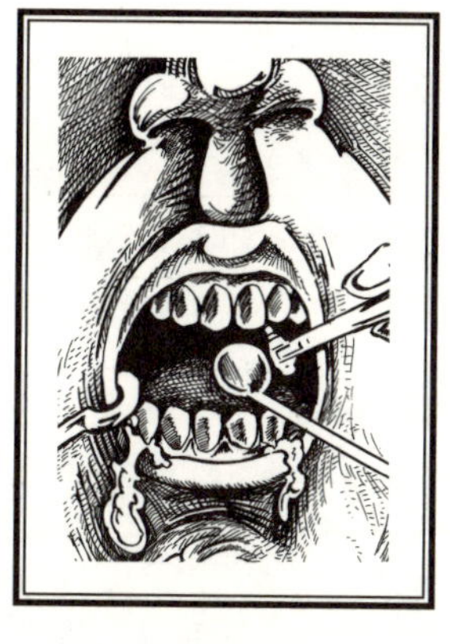

서른여덟 살의 남자 치과의사가 응급실을 방문했다. 지난달부터 손과 발이 저리기 시작했는데 점점 심해지고 있었다.

"4주 전부터 증상이 시작됐습니다." 치과의사가 말했다. "발가락부터 시작해서 종아리와 허벅지까지 올라왔습니다. 그리고 이제는 손가락과 손의 감각도 이상해져서 모두 다 멍멍하고 저립니다."

"다른 증상들은 없습니까?" 의사가 물었다.

"없습니다. 변비가 조금 있고 소변보는 데 문제가 있긴 합니다. 하지만 증상이 심해져서 이젠 일을 할 수 없을 지경입니다."

진찰을 받는 동안 그는 쾌활했지만 약간은 불안한 표정이었다. 응급실 의사는 몇 가지 신경학적 검사를 실시했다. 의사가 안전핀의

뭉뚝한 끝으로 찔러보았을 때 그 치과의사는 종아리 아래와 전완(前腕: 아래팔)에 감각이 없었다. 다리를 넓게 벌리고 걸었으며 똑바로 서기도 어려웠다. 롬버그 증후가 양성으로 나왔다. 두 발을 모은 채 두 팔을 쭉 뻗고 선 자세에서 눈을 감게 할 경우 정상적인 사람이라면 균형을 유지할 수 있다. 그러나 그 치과의사는 뒤로 넘어져서 기다리던 의사의 팔에 안겼다. 의사는 환자에게서 신경학적 이상을 발견했지만 추가로 정밀검사를 하기에는 응급실이 너무 바빴다. 그는 다음 환자를 살펴보아야 했으므로 할 수 없이 신경과에 환자를 의뢰했다.

신경과에서는 뇌와 척수(중추신경이라 부른다) 및 신경의 질환을 다룬다. 신경과 의사들은 아주 정밀한 진찰을 통해 신경학적 문제를 정확하게 찾아낸다. 하지만 '아는 것은 많지만 할 수 있는 것은 거의 없는 의사들' 이라는 말을 듣기도 한다.

신경과 과장이 오후 늦게 신참 의사들과 의과대학생들을 거느리고 응급실에 나타났다. 슈완 박사는 키가 컸으며 완전히 하얗게 센 머리가 그의 나이를 짐작케 해주었다. 줄무늬 셔츠에 물방울무늬 타이를 했는데 보라색 옷을 좋아하는 것 같았으며 부드러운 영국식 악센트로 말했다. 그는 자녀가 없이 독신이었고, 절대로 웃음을 보이지 않았다. 그가 한 번 쳐다보고 눈썹을 추켜세우기만 하면 다들 조용해졌다. 슈완 박사는 자기통제력이 강한 사람이었다.

그는 치과의사가 대기하고 있는 칸막이 방으로 들어가서 갖가지 질문들을 퍼부었다. 앓았던 질병과 복용한 약물들, 수술받은 경험, 습관, 가족력, 그리고 식생활 등에 대해 물었다. 그가 치과의사에게 질문하는 모습을 여섯 명의 다른 의사와 학생들이 지켜보았다.

그 다음 슈완 박사는 능숙하게 환자를 진찰했다. 수십 년간의 경험을 바탕으로 그는 12분 30초 만에 모든 신경학적 검사를 실시했다.

진찰을 끝낸 슈완 박사는 진단명을 말했다. "당신의 척수에 아급성(亞急性: 급성과 만성의 중간 성질) 복합 퇴행이 발생했소." 약간 과장된 어투의 말에 칸막이 방 안이 흥분으로 가득 찼다. 그리고 레지던트들에게 지시를 내리기 시작했다. "입원시키고, B12 수치와 엽산, 벽세포항체, 내인자 검사, 그리고 쉴링테스트하고 매독검사도 해. HIV, EBV, CMV(바이러스의 이름들) 체크하고, TFT와 ESR, ANA, RF(혈액화학검사의 종류들) 검사, 그리고 척수 MRI 촬영해."

치과의사는 머릿속이 뒤죽박죽된 것처럼 혼란스러워진 상태에서 신경과 병동에 입원하게 되었다. 신경과 병동에는 주로 뇌졸중 환자들이 입원한다. 담당 레지던트는 환자에게 거의 한 시간 동안이나 슈완 박사의 무뚝뚝한 행동을 사과한 다음에야 환자에게 척수에 심각한 문제가 있다고 설명할 수 있었다.

MRI 사진은 환자의 척수가 광범위하게 손상되어 있음을 보여주었다. 병리검사 결과는 비타민 B12 수치가 매우 낮게 나타난 것을 제외하고는 모두 정상이었다.

"좋은 소식입니다." 레지던트가 미소 지으며 말했다. "비타민 B12 부족 증상으로 보입니다. 간단한 보충제만 먹으면 쉽게 치료되는 병이지만 그 원인을 알아야 합니다. 식사는 정상적으로 하십니까?"

치과의사가 대답하기 전에 슈완 박사의 모습이 병실 문 앞에 나타났다. 그는 들어와 병상 옆에 섰다. "당신은 비타민 B12 결핍증이

에요. 나는 당신의 검사 결과를 다시 한 번 검토해 보았소. 원인으로 생각할 수 있는 것은 한 가지뿐이오. 당신은 아산화질소 중독자지요. 이제 그 같은 행동을 그만두어야 하오." 그는 환자의 대답을 기다리지도 않고 발을 돌려 방을 나가버렸다.

"저 사람이 어떻게 알아냈을까?" 치과의사가 믿기지 않는다는 표정으로 물었다.

"박사님 말씀이 맞다는 뜻입니까?" 레지던트가 물었다. "환자분께서는 치과의원 안에서 아산화질소를 흡입하셨습니까?"

"몇 년 전부터였습니다." 치과의사가 설명했다. "냉잉이라는 것이죠. 저는 제법 과량을 흡입했습니다. 의원 안에서 직원들과 함께 질소 파티를 열기도 했습니다. 그러다 단속을 당해 벌금을 문 적도 있죠."

아산화질소는 비타민 B_{12}에 들어 있는 코발트 원자에 영향을 주어 비타민 B_{12}를 불활성화 시킨다. 비타민 B_{12}는 척수의 신경조직 일부인 미엘린수초를 정상적으로 유지하는 데 중요한 역할을 한다. 그리고 미엘린수초가 없으면 척수 특정부위의 기능에 문제가 생겨 감각둔화나 보행장애 등을 일으킬 수 있다. 현재 의료인들이 흔히 냉잉을 행하고 있으며, 환락약물 중독에서도 냉잉의 비중이 점점 커지고 있다.

오랜 경험에서 얻은 지혜로 무장한 슈완 박사는 전에도 그 같은 사례를 본 적이 있기 때문에 병리검사 결과에서 진단을 금방 찾아낼 수 있었다. 그 치과의는 냉잉을 계속했지만 비타민 B_{12} 보충제제를 다량으로 복용하는 것을 잊지 않았다.

사람의 근육을 부숴버리는 자동차

마흔두 살의 남성이 집에서부터 1200킬로미터나 떨어진 곳까지 혼자 운전해 온 후 전신의 근육이 아프고 갈색 소변이 나와서 병원 응급실을 찾았다. 그는 세일즈맨으로 업무 관련자들과의 회의에 참가하기 위해 먼 거리를 달려왔다. 그는 밤을 새우며 거의 20시간 동안 고속도로를 운전했다. 기름을 넣기 위해 주유소에 들를 때와 휴게소에서 잠시 커피 마실 때를 제외하곤 쉬지 않았다.

그는 과거에 큰 병을 앓은 적이 없었고 복용 중인 약물이 없었으며 매년 정기검진도 받고 있었다. 약 19시간 동안 계속 운전했을 때 그는 허벅지와 엉덩이, 그리고 허리에 통증을 느끼기 시작했다. 결국 그 정도가 점점 심해지자, 목적지를 100킬로미터쯤 남겨두고 아쉬운 마음으로 홀리데이인 호텔에서 차를 멈췄다. 운전으로 피곤했기 때문에 그는 곧 잠에 빠졌다. 하지만 자면서도 여러 곳이 쑤시듯 아파서 계속 깨어났으며 아침에 일어났을 때도 근육통이 여전했다. 8시간 동안 잤지만 어느 때보다 더한 피로감을 느꼈다. "독감에 걸린 것 같군." 그는 생각했다.

소변을 보자 갈색 액체가 나와 변기 속으로 흘러 들어갔다. 놀란 그는 만나기로 한 사업 관계자에게 전화를 걸어 약속 시간에 늦을지 모른다고 양해를 구한 다음 병원으로 갔다.

병원 응급실에서는 오래 기다린 다음에야 의사의 진찰을 받을 수 있었다. 젊은 여의사였다. 그녀는 환자에게 빠르게 필요한 질문을 했다. 바이탈사인은 모두 정상이었지만 의사가 손으로 몸을 누르자 전신의 근육통을 호소했다.

"왜 근육에 문제가 생겼는지 알 수 없군요." 의사가 설명했다. "그래서 몇 가지 간단한 혈액검사를 할 겁니다. 갈색 소변이 나오면 영 불안하거든요."

"불안하다뇨?" 그가 물었다.

"소변 색깔은 노란색 한 가지뿐입니다." 의사가 대답했다. "환자에게서 그 외의 다른 색깔 소변이 나온다면 왜 그런지 검사를 해봐야 합니다. 혈액검사와 소변검사를 할 텐데 오래 걸리지 않을 거예요. 두 시간 정도면 됩니다. 저는 계속 응급실에 있을 텐데 결과가 나오면 제가 말씀드릴게요." 말을 마친 의사는 간호사에게 차트를 넘기고 하이힐 소리를 내며 걸어나갔다.

10분쯤 있자 덩치 큰 간호사가 몇 가지 물품이 든 작은 가방을 들고 나타났다. 매우 바쁜 표정이었다. "의사가 지시한 검사를 할 겁니다." 간호사가 말했다.

그녀는 터니켓(tourniquet: 채혈 등을 할 때 쓰는 고무줄 지혈대)이라 부르는 고무줄을 환자의 팔에 감았다. "자 주먹을 쥐세요. 약간 따끔할 겁니다."

"내 마누라가 하는 말과 비슷하네." 그는 빈정거렸다. 간호사는 아무 말 없이 주사 바늘을 찔러넣었다. 진홍색 혈액이 작은 진공병 속으로 빨려 들어갔다. 그는 주사바늘에 찔리는 것을 매우 싫어했다.

"여기 컵에 채워 오세요." 간호사가 말했다.

"뭘로 채우란 말입니까?" 그가 농담을 했다. 간호사는 그 말에 대답하지 않고 방을 나갔다.

그는 소변 볼 생각이 없었다. 하지만 붉은색 뚜껑이 있는 맑은 플라스틱 컵을 손에 들고 한참을 가만히 앉아 있다가 억지로라도 소변을 받기로 결심했다. 애를 써 보았지만 컵 속에는 뿌연 갈색 소변 20밀리리터 정도만 담겼다. 그는 뚜껑을 돌려서 닫은 후 간호사에게 전해주었다. 다리가 아팠다.

한 시간 정도가 지나자 젊은 의사가 다시 나타났다. 이번에는 서 있지 않고 의자에 앉았다. 그는 의사의 얼굴에서 뭔가 문제가 있다는 표정을 읽었다.

"문제가 있는 것으로 결과가 나왔습니다."

'그렇겠지.' 그가 생각했다. '문제가 있으니 이렇게 아프지.'

"콩팥이 기능을 못하는 것 같습니다. 급성신부전 상태예요."

"말도 안 됩니다." 그가 말했다. "신부전이라뇨. 나처럼 건강한 사람이 어디 있다고. 내 콩팥이 망가졌다는 말씀입니까?"

"저도 확실한 것은 모릅니다." 의사가 말했다. "여러 가지 가능성이 있고 제 능력이 아직 부족합니다. 아무튼 환자분의 혈액 내에서 요질소와 크레아티닌 수치가 높게 나타났어요. 이것은 우리 몸의 장기들이 각기 제 기능을 수행할 때 생기는 유독성 부산물이라 할 수 있는 물질들이죠. 환자분에게는 이런 물질의 수치가 너무 높은데, 이것은 그 물질들을 몸 바깥으로 내보내야 할 콩팥, 즉 신장이 그 일을 못 하고 있다는 의미입니다. 칼륨 수치가 6을 넘은 것 역시 콩팥이 몸 밖으로 내보내야 하는데 그러지 못하기 때문입니다. 혈액투석을 받아야겠어요."

"투석을요? 저는 근육통이 있고 소변 색깔이 변했을 뿐입니다. 이해가 되지 않는군요." 그가 강력히 반발했다.

"진정하세요. 가족들에게 전화하시는 것이 좋겠습니다. 저는 이미 신장병 전문의에게 연락을 했습니다. 지금 입원하셔야 해요. 그러면 그 의사가 환자분의 목이나 사타구니에 투석 카테터를 장착할 겁니다."

그는 무슨 말을 해야 할지 몰랐다. 걱정과 두려움이 몰려왔다. 자신이 죽어가는 것인가 하는 생각이 들었다. 아내에게는 전화하지 않기로 했다. 하지만 사업 파트너에게는 자신에게 무슨 일이 생겨서 저녁식사 약속에 갈 수 없게 되었다고 말했다.

30분 후 신장병 전문의가 나타났다. 그는 급하게 바로 시작하려 했다. 비교적 젊은 나이로 보이는 그 의사는 너무 열정적으로 말해서 문장이 끝날 때마다 눈썹 끝을 치켜올렸다. 약간 말을 더듬는 버릇도 있었다. 왼쪽 눈을 10초 정도마다 떴다가 감는 틱이 있었는데 말더듬는 것처럼 어쩔 수 없는 버릇 같았다. 낡은 바지를 입고 파란색 끈이 세 줄로 묶인 흰 운동화를 신은 그의 흰색 남방은 깨끗하고 다림질이 잘 되어 있었다. 의사를 본 환자는 '아직 젖비린내가 나는 녀석이군.' 이라고 생각했다.

의사가 자신을 소개했다. "아-아-안녕하세요. 저는 닥터 피-피-피바디입니다. 다-다-닥터 레이몬스에게 환자분 이야기를 들었습니다. 그 선생님과 가-가-같은 질문을 드려야 할 것 같습니다."

그는 여의사와 같은 질문들을 했고 자동차 운전을 오래 한 것에 특히 관심을 가졌다.

"그-그-그렇다면 자동차 안에서 19시간이나 앉아 계셨단 말씀이세요? 어떤 자동차였습니까?"

"도요타 에코입니다. 그게 문제가 됩니까?" 그가 약간 짜증을 내며 말했다.

"네. 혈액검사에서 CK 수치가 5만2000으로 나왔습니다. CK는 크레아틴 카이나제(creatine kinase)를 줄인 말인데, 근육에 소-소-손상이 발생하면 혈액 속에 이런 물질이 많아집니다. 이것이 환자분에게 발생한 신부전의 원인이죠. 이 물질이 많아지면 콩팥에 도-도-독성을 나타냅니다. 이렇게 근육에 손상이 발생하는 현상을 의사들은 횡문근 융해라 부릅니다. 이-이-이런 일은 사람들이 오랜 시간 동안 한 장소에 갇혀 있거나 움직이지 않을 때 주로 생깁니다. 지진으로 매몰된 후 구-구-구조된 사람들이나 오랜 시간 의식을 잃은 아-아-알코올 중독자들과 같은 경우죠. 횡문근 융해로 인해

CK가 많아지고 이것이 신부전을 일으킨 것입니다.”

“쉬운 말로 해주세요. 저는 의사가 아니라 세일즈맨입니다. 도
대체 무엇 때문에 제게 신부전이 생겼다는 말입니까?”

“자동차 때문입니다.” 의사가 대답했다. “환자분은 작고 꽈-
꽈-꽉 막힌 자동차 안에서 거의 24시간을 보냈습니다. 앉은 자세
로 압력을 받으며 오랜 시간 동안 움직이지 않아서 근육이 부서진 거
죠. 그리고 근육의 손상 때문에 생기는 또 다른 부산물인 마-마-마
이오글로빈이 소변의 색깔을 갈색으로 만들었습니다. 환자분은 혈
액투석을 받아야 하는데, 다행히 잠시 동안만 받으면 됩니다.”

환자에게는 정맥주사를 통해 다량의 수액을 투입해서 체내에 수
분이 충분하게 하였다. 환자는 2주 동안 일주일에 세 차례씩 투석을
받은 다음 병원에서 퇴원할 수 있었다. 그의 아내는 병원을 한 번도
찾지 않았고 그는 사업관련자들의 도움을 받으며 회복했다.

전선을 즐겨 씹는 전기공의 나쁜 습관

마흔아홉 살의 전기공이 계속되는 복통과 변비를 호소하며 병원을 찾았다. 전에도 여러 차례 병원에 입원했지만 어느 곳에서도 진단명을 알지 못한 채 퇴원해야만 했다. 복통은 4개월 전에 시작되었다. 복부 전체에 걸쳐 일정하게 계속되는 복통이었다.

가장 최근에는 대형 지방병원에 입원했는데 갖가지 정밀검사를 모두 받았다. 위장내시경, 대장내시경은 물론이고 시험적 개복술까지 시행했다.

대장내시경은 대장경이라는 길고 구부러지는 관을 통해 대장의 안쪽을 관찰하는 검사다. 대장경은 5미터가 넘는 뱀처럼 생겼으며 끝에는 카메라가 달려 있다. 대장경이 항문으로 들어가서 창자, 즉 대장의 안을 통과해 지나갈 때는 관찰을 쉽게 하기 위하여 공기를 불어넣는다. 대장의 벽을 팽창시켜서 '터널'처럼 만들어주기 위해서다. 이렇게 해서 의사는 종양이나 폴립, 궤양, 혹은 출혈부위 등이 있는지 살펴본다.

대장내시경 검사는 대장의 처음부터 끝까지 내부를 샅샅이 살펴볼 수 있는 좋은 검사이지만 환자에게는 여간 불편한 검사가 아니다. 시술 전에 바륨 등의 약물을 정맥주사하지만 막대 같은 관이 몸 안으로 들어올 때의 고통을 없애기엔 역부족이다. 대장내시경 검사에서 가장 힘든 시간은 검사를 위해 사전 준비를 할 때인데, 대장의 내부를 관찰하기 위해서는 그곳을 깨끗이 씻어내야 한다. 그렇지 않으면 대변에 가려져서 질환을 발견하지 못할 수도 있다.

따라서 검사 전에 장세척 과정으로 코리트산 용액이라는 액체를 4리터나 마셔야 한다. 그 결과 대장 속에 들어 있던 내용물이 말 그대로 홍수처럼 쏟아져 나가 검사 시야를 가리는 대변이 남아 있지 않게 된다. 검사 전날 밤 코리트산 용액을 무지막지하게 마시면 나중에는 대변이 맑은 물처럼 나온다.

전기공의 대장내시경 검사 결과는 정상으로 나왔다. 위내시경 검사는 위장과 십이지장을 관찰하는 검사인데 검사 전 몇 시간 동안 음식을 먹지 않고 위장을 비우기만 하면 검사준비가 되기 때문에 훨씬 간편하다. 위내시경 검사 역시 정상이었고 복부의 컴퓨터단층촬영 검사도 정상이었다.

환자는 계속 통증을 호소했지만 검사에서는 아무런 단서도 찾을 수 없었다. 꾀병일까? 아니면 가공의 질환일까? 그러나 그 전기공은 정직한 성품의 소유자였으며 통증은 심했다. 의사는 시험적 개복술을 시행하기로 결정했다. 시험적 개복술은 수술로 복부를 열어 직접 관찰하는 것으로 복부 통증의 원인이 진단되지 않을 때 시행하는 가장 힘든 검사라 할 수 있다. 환자가 마취되자 의사는 환자의 복부를 절개하여 열었다. 눈으로 살펴보니 복강 내의 장기들은 정상이었다. 그리고 주위를 만져 보았다. 이쑤시개? 10년 동안 뭉쳐진 추잉껌? 바비인형? 모두 다 정상이었다. 의사는 열었던 환자의 복부를 빠르게 다시 봉합하고, 환자의 통증은 기능성으로 오는 것이라고 결론 내렸다.

그날 저녁 의사는 마지막 회진을 하면서 전기공의 혈액검사 결과를 다시 한 번 검토해 보았다. 검사 결과를 검토해 가던 그가 다른 사람에게 들릴 정도로 탄성을 질렀다. 통상적인 혈구검사에서 적혈구에 호염기성 반점이 보였던 것이다. 적혈구, 백혈구 등의 혈구들은 현미경으로 관찰할 때 검사의 정밀성을 높이기 위해 혈액 표본을 염색하게 된다. 호염기성 반점이란 '브릴리언트 크레질 블루(Brilliant Cresyl Blue)'라는 약품으로 염색할 때 적혈구에 진푸른색 방울모양 점들이 나타나는 것을 말한다. 몇 가지 질환들이 있을 때 이런 소견이 보일 수 있는데 그중 한 가지가 납중독이었다.

의사는 개복술에서 회복 중인 전기공에게로 달려갔다. 몇 시간 전 필요 없이 배를 갈랐던 환자였다. 의사는 그가 납에 노출되었을 가능성을 두고 몇 가지 질문을 했다. 전기공이 10년 전부터 매일 전선을 약 1미터 정도씩 씹고 있다는 대답이 유일하게 진단에 접근할 수 있는 힌트였다. 그가 서른아홉 살 때 담배를 끊고 나서 생긴 습관이었다. 그는 전선을 둘러싼 플라스틱 절연재를 씹을 때 나오는 단

맛을 즐겼다. 건설현장 감독이 그의 이런 습관에 대해 주의를 주었
지만 별다른 설명은 없었다.

전선에는 유연성을 높이기 위해 납이 첨가되어 있었으며 실험에
서 검출되었다. 전기공의 혈액 내 납 수치는 산업안전기구에서 정한
허용치보다 세 배나 높았다. 환자에게 킬레이션 치료를 시작했다.
혈액 내에서 납이 검출되지 않을 정도로 납수치가 떨어질 때까지 매
일 EDTA라는 약물을 주입했다. 킬레이션은 모든 심장병에 좋다고
선전되지만 실제로는 그 치료를 권하는 사이비 의사들의 배만 불릴
뿐인 약물이다. 그러나 납중독에 대해서는 가장 확실한 치료제로서
납에 결합하여 함께 소변으로 배출된다.

납은 1978년 금지되기 전까지 페인트에 사용되었다. 하지만
1995년에는 휘발유에도 포함될 수 없게 되었다. 성인의 경우 섭취
된 납의 10퍼센트 정도만이 몸 안으로 흡수되지만, 소아들은 섭취
한 납의 75퍼센트까지 흡수한다. 납이 피부에 접촉되면 1퍼센트 정
도만 흡수되는 반면 호흡으로 들어온 납 입자는 약 절반이 몸 안에
남아 있게 된다. 흡수된 납의 대부분은 뼈에 쌓이고, 뼈에 쌓인 납
의 절반이 몸 밖으로 배출되는 데는 30년이란 긴 시간이 필요하다.
납은 우리 몸의 신경계 기능을 방해하며 지능 저하와도 관련된다.

전기공은 전선을 씹는 습관의 위험성에 관해 설명을 듣고 나서
그 습관 대신 흡연으로 돌아갔다.

개의 세균이 살고 있는 할머니의 무릎

일흔다섯의 여성이 무릎관절을 인공관절로 치환하는 수술을 받았다. 그녀는 몇 년 동안 골관절염으로 고생했는데 뚱뚱한 몸 때문에 통증이 더 심했다. 수술대기자 명단에 등록하고 1년을 기다린 끝에 마침내 수술을 받을 수 있었다. 수술은 별 문제없이 잘 끝났다. 수술에서는 먼저 관절낭에 접근할 수 있도록 무릎의 근육과 인대들을 관절에서 분리했다. 그리고 삐걱거리는 낡은 무릎관절을 떼어내고 플라스틱과 금속으로 만들어진 새 관절로 교체했다. 대퇴골의 하단과 경골의 상단, 그리고 슬개골이 인조관절로 바뀌었다. 환자의 남은 수명보다 더 오래갈 수 있는 관절이었다. 일주일 동안 회복기간을 가진 후 그녀는 물리치료와 작업치료를 받기 위해 절룩거리며 재활센터에 다녔다.

자녀가 없는 과부였던 그녀에게는 이웃과 강아지가 가장 중요한 보호자였다. 그녀가 기르는 강아지 이름은 버키였는데, 입원한 동안에는 길 건너편에 살고 있는 엘리스 가족이 강아지를 돌봐주었다. 퇴원해서 집으로 돌아왔을 때 그녀는 현관문 앞에 놓인 콘크리트 계단 세 개를 오르는 일도 힘들었다. 그녀는 검은색 철제 난간을 붙잡고 간신히 올라갈 수 있었다. 현관키를 찾다가 도어매트 위에 떨어뜨리자. 택시기사는 팁이 적어 투덜거리며 빨리 하라고 재촉이었다. 몇 분 동안 더듬거리다 겨우 키를 찾아서 현관문을 열었다. 곰팡이 냄새가 포함된 따뜻한 공기가 그녀를 맞았다.

몇 분이 지나자 이제 열한 살이 된 제니 엘리스가 막 샴푸를 하고 흥분해 있는 푸들을 주인에게 데려왔다.

"이야, 버키야!" 그녀가 소리를 쳤다. "요것이 나를 잊어버린 건 아니겠지?"

강아지는 혀를 날름거리며 컹컹거리는 소리로 대답했다.

"던컨 할머니, 강아지가 얼마나 잘 지냈다고요!" 제니가 말했다. "버키를 데리고 하루에 세 번씩 산책했는데 아마 체중이 조금 빠졌을 거예요. 사람들이 먹는 음식을 좋아했지만 우리 엄마와 아빠가 식탁에 있는 음식을 주면 안 된다고 했어요."

"정말 고맙구나, 꼬마야. 달콤한 쿠키를 만들어주마." 던컨 할머니는 자신의 강아지에게 절인 쇠고기 조각을 던져주었다. 버키는 주인을 다시 만나게 되어 흥분한 것처럼 보였다.

그로부터 몇 달이 지나자 버키와 주인은 살이 쪘다. 던컨 할머니의 무릎 통증이 점점 심해졌다. 그녀는 의사가 지시한 운동을 하려

했지만 수술부위가 욱신거렸다. 결국 더 이상 운동을 할 수 없게 되었다. 그녀는 엘리스네 집에 전화를 걸어 미안하지만 다시 병원에 가봐야 하겠으니 버키를 봐달라고 부탁했다. 버키는 이제 천덕꾸러기 신세가 되었다.

응급실의 정형외과 의사는 환자에게 2분 정도 질문한 후에 몇 가지 엉성한 검사만 했다. 의사가 관절을 움직이며 수술상처를 살펴볼 때 그녀는 움칠했다.

"할머니, 여기 염증이 생긴 걸 보세요." 의사가 천천히 말했다. "관절은 삐걱거리는 느낌이 없이 잘 움직입니다. 할머니에게는 열이 없고 백혈구 수치도 정상이니 패혈증과 같은 전신 감염은 없는 것 같습니다. 하지만 관절에 뭉쳐진 염증이 있어서 빼내야겠어요."

"뭘 해야 한다고요?" 그녀가 물었다.

"주사바늘을 조금 찔러넣을 겁니다."

"이를 어쩌나!" 그녀가 할 수 있는 말은 이것뿐이었다.

의사는 환자의 무릎에 구멍 뚫린 녹색 가운을 덮고 노출된 피부를 갈색의 베타딘액으로 소독했다. 굵기가 핀 크기인 25게이지 주사바늘로 피부에 주사하자 피부에 자그마하게 볼록 부풀어 오른 부위들이 생겼다. 무릎을 마취시키는 것이었다. 주사기를 움직일 때마다 날카로운 통증이 생겼지만 곧 무감각해졌다.

의사는 국소마취 효과가 나타나기를 기다렸다. 몇 분 후 이번에는 18게이지 주사바늘을(작은 숫자일수록 바늘의 굵기가 크다) 환자 무릎의 감염된 상처 부위에 찔러넣었다.

의사는 바늘이 액체 속으로 들어간 느낌을 손으로 감지하고 주사기의 피스톤을 당겼다. 냄새나는 노란색 액체가 주사기 속에 찼다.
거의 35밀리리터나 되는 양이 빨려 들어왔다. 그러자 그녀의 무릎
통증이 금방 좋아지고 편안하게 되었다.

"할머니, 이것 보이시죠. 이제 검사를 해봐야 알겠지만 포도상구
균이나 연쇄상구균 감염일 겁니다. 상처를 깨끗이 씻어내야겠어요.
그 다음에 상처를 절개해서 소독된 식염수로 헹궈낼 겁니다. 며칠
입원하실 수 있습니까? 무릎에 염증이 있기 때문에 항생제를 처방해
드릴게요. 며칠 동안 약을 복용하세요." 정형외과 의사가 말했다.

"그러죠." 그녀가 말했다. "그렇지만 이웃 사람에게 버키를 봐
달라고 부탁해두어야 해요."

그녀는 수술을 마친 다른 환자 세 명이 있는 병실에 입원했다.
두 사람은 엉덩이관절, 그리고 한 사람은 무릎관절이었다. 그녀는
다른 환자들과 어울리지 않고 병상 주위로 커튼을 친 채 혼자서 가만
히 있었다.

무릎이 많이 좋아져서 그녀는 주치의의 입에서 퇴원해도 좋다는
말이 나오기를 기다렸다. 간호사는 그녀가 언제쯤 퇴원할지 알지 못
했다. 둘째 날 저녁, 그녀의 주치의가 흰 가운을 입은 의사 여러 명
을 거느리고 커튼을 밀치며 들어왔다.

"이 분은 닥터 퐁입니다." 그가 나이든 중국인 의사를 가리키며
말하기 시작했다. "감염병 전문의시죠."

'좋지 않은 일이군.' 그녀가 생각했다.

"할머니의 수술 상처에서 이상한 균이 나왔습니다." 의사가 말했
다. "파스튜렐라 멀토시다(Pasteurella multocida)라는 균입니다. 혹

시 집에서 개나 고양이를 기르고 계시지 않습니까?"

"버키라는 아이가 있습니다." 그녀는 자신을 둘러싸고 서 있는 많은 수의 의사에게 질린 듯 약간 멋쩍게 대답했다. "애완용 푸들입니다. 근데 그 애가 제 무릎과 무슨 상관이죠?"

"그렇지만 할머니." 그가 계속 말했다. "이런 종류의 벌레들은 개나 고양이들에게, 특히 그 놈들의 입안에 많이 있는 것들이랍니다. 그러니 이상하죠. 혹시 버키가 할머니 상처 부위를 핥지 않았습니까?"

"제 생각에는 그렇게 하면 좋을 것 같아서요." 그녀가 꽁무니를 빼듯이 말했다. "버키가 핥는 것을 좋아하는 것 같아서. 그것이 문제가 되리라고는 생각하지 못했어요."

"항생제를 썼으니 내일이면 퇴원할 수 있을 겁니다. 그렇지만 이제는 버키에게 핥게 해서는 안 돼요. 아셨죠?"

말을 마친 의사는 옆에 서 있던 한 무리의 의사들과 함께 돌아서 나갔다. 항생제를 하루에 세 번씩 일주일 동안 복용한 후 그녀의 상처는 나았다. 버키는 상처 대신 그녀의 얼굴을 핥았다.

파스튜렐라 멀토시다 감염은 개에게 물린 자리에서 흔히 발생한다. 이것과 같은 일부 세균들은 정상적으로는 사람의 몸에서 발견되지 않는다. 아마도 다른 세균들과의 자리싸움에서 밀려난 것으로 생각할 수 있다. 이와 같이 사람 몸에는 없는 세균을 검출하여 보고하면 미생물검사실에서는 이를 이상하게 생각하여 환자에게 적절한 질문을 하게 된다.

때맞춰 일어난 심장발작

예순두 살의 응급실 의사 죠는 CPR(심폐소생술) 교육을 받아야 했다. CPR 자격증은 5년마다 갱신해야 했기 때문에 병원은 매년 서너 차례 의료진들을 대상으로 CPR 교육을 실시했다. 죠는 과체중에 흡연 그리고 운동부족이었다. 흡연하는 의사들의 수는 소속 국가에 따라 다르다. 예를 들어, 프랑스와 일본의 의사들은 미국이나 캐나다 의사들보다 흡연하는 비율이 높다. 아무튼 응급실이 잠깐 한가할 때 병원 출입문 바깥에서 담배를 손에 들고 있는 죠의 모습을 자주 볼 수 있었다.

죠는 매우 성실하고 열심히 일했다. 그는 시간외 수입을 올리기 위해 남들이 싫어하는 야간 근무도 많이 했다. 농담이나 이야기로 간호사들과 어울리려고 했지만 조금 독단적인 스타일이었기 때문에

"

그와 함께 있으면 불편해 하는 사람들이 많았다. 평생 독신으로 살았고 모양새가 단정하지 않았던 그는 언제나 낡은 운동화를 신고 턱수염에는 음식을 묻힌 자국이 있었다. 심지어 그의 곁에 가면 담배 냄새 등이 코를 찌르기도 했다. 죠는 자신에게 닥쳐오고 있는 어려움을 알지 못했다. 그는 남들과 비슷하게 되려 했지만 10대 망나니처럼 뜻대로 되지 않았다. 작은 도시 병원의 응급실 의사가 그에게는 적격이었다.

토요일 아침 일찍 투덜대며 일어난 그는 병원 강당으로 차를 몰았다. 죠는 몸 상태가 좋지 않다고 느끼며 일이 빨리 끝나기만을 바랐다. 그는 속이 울렁거리고 땀이 났지만 CPR 인형에 대고 심폐소생술을 시행하기 시작했다.

"하나, 둘, 셋, 넷." 죠가 인형의 가슴을 누르며 말하는 동안 동료 의사는 인형의 입에 자신의 입을 대고 호흡을 실시했다.

뱃속의 울렁거림이 계속되었고 땀이 심하게 흘렀다. 창백해진 손이 차갑게 끈적거렸다. 흉골 가운데에서 압박감이 생겨 서서히 퍼져나가고 호흡이 힘들어지기 시작했다. 목이 막혀 왔지만 그는 인형의 가슴을 계속해서 눌렀다. 플라스틱과 고무 재질에 투명한 눈이 천장을 향해 고정된 상체 인형이었다.

"이건 나하고는 상관없는 일이야." 그는 쉰 목소리로 중얼거리며 명백한 증후를 무시했다. 지금까지 그는 자신의 응급실에서 100명 이상의 환자에게 소생술을 실시했다. 심장발작이 일어난 환자들이 었는데 그중 대부분은 살렸지만 사망한 사람들도 많았다. 동료가 인형의 입에 공기를 불어넣다가 멈추며 말했다. "닥터 브리텔, 안 좋아 보입니다. 잠시 앉으세요. 괜찮겠습니까?"

죠는 그 말을 듣지 못한 채 눈앞이 흐려지며 앞으로 고꾸라졌다. 기이한 모습이었다. 그에게 행운이 있었다면, 고꾸라진 위치로부터 반경 10미터 안에 소생술에 능숙한 의사와 간호사들이 50여 명이나 있었던 것이다. 그들은 즉시 달려가 실제 CPR을 시행했다. 손으로 가슴을 압박하고 앰뷰백으로 공기를 불어넣고 뺐다. 이동침대가 죠를 응급실로 실어 날랐다. 응급실에 있던 죠의 동료 의료진들은 멈춰버린 그의 심장을 살리기 위해 결사적으로 애를 썼다.

"혈압 80, 맥박 130. 쇼크 상태야. 누가 EKG(심전도) 장착해." 팀장이 조용히 지시했다.

차가운 땀으로 젖은 그의 가슴에 전선들이 연결되었다. 심전도 소견은 명확했다. 심한 심장발작이 진행 중이었다. 심장의 많은 부분에 혈액이 공급되지 않아 그의 몸이 죽어가고 있었다. 약해진 심장은 혈액을 힘 있게 펌프질해 줄 수 없어 신체 장기들이 굶어 죽어가고 있었다. 죠는 급히 관상동맥조영술 검사실로 옮겨졌다. 속이 비어 있는 긴 관을 관상동맥까지 삽입하고 그곳으로 작은 풍선을 넣어 팽창시켜서 뭉쳐진 혈병(血餠, 피떡)을 뚫어주는 시술을 받았다.

죠는 생명을 건졌다. 다행히도 심폐소생술에 능숙한 간호사들과 의사들이 꽉 차 있는 응급실 옆 강당에서 일이 터진 덕분이었다.

볼트와 망치를 먹어치우는 인간 불가사리

지저분한 옷차림의 서른다섯 살 남성이 병원에 와서 복통을 호소하며 자신의 위장을 비워달라고 했다. 누더기 같은 바지는 새어나온 소변에 젖어 얼룩져 있었으며, 길게 자란 콧수염과 턱수염이 얼굴과 입술을 덮고 있었다. 도심 공장지대 인근에 형성된 텐트촌을 떠돌아다니는 그에게는 일정한 주소가 없었다.

진찰에서는 뼈만 남은 듯 앙상한 팔다리와 불룩 튀어나온 배가 가장 먼저 눈에 띄었다. 의사가 불룩한 배 위에 손을 대고 움직이자 세게 누르지 않았음에도 아프다며 움찔했다. 특히 위장 근처인 왼쪽 상복부에서 통증이 심했다. 그의 뱃속에 딱딱한 물체들이 들어 있어서 의사가 손가락으로 누를 때마다 부딪치는 것처럼 느껴졌다.

"복부 X－선 사진을 찍어봐야 할 것 같습니다." 의사는 환자의 창백한 피부와 조직 아래에 무엇이 있는지 알 수 없어 간호사를 불렀다. "이 친구의 위장에 뭔가 이상한 것이 있는 것 같아요."

"X-선 찍지 마!" 부랑인이 울부짖었다. "내 뱃속에 있는 것들을 꺼내주기만 하면 돼."

응급실 의사는 정신과 팀을 부를 수도 있었지만 불룩한 배의 원인을 찾아보려 했다.

"알코올성 간질환일 거야." 의사는 생각했다. 그러나 복부의 진찰 소견은 다르게 나타났다. 알코올성 질환에서는 간기능의 이상으로 복수가 생긴다. 이것은 많은 양의 딸기색 액체가 복강 안에 고여서 복부가 팽창되는 소견을 말한다. 복수가 20리터나 생긴 경우도 보고된 바 있다. 복수가 차면 배가 풍선처럼 매끈하게 부풀어 오르는데, 이 환자의 경우처럼 몇 개의 따로 떨어진 덩어리 모양으로 나타나지는 않는다.

"뭐가 어디에 들어 있는지 모르면 꺼낼 수도 없습니다." 의사가 달래듯 말했다. "X-선을 찍어보면 알 수 있습니다."

"어디에 있는지 말해 줄 수 있다고. 내가 집어넣었으니까." 부랑인이 말했다. "바로 여기야." 그가 자신의 아랫배를 가리키며 말했다. "여기 상처가 보이지? 내가 직접 꺼내 보려고 했던 자국이야. 너무 아파서 못하겠더라고. 그래서 당신들에게 부탁하는 거야. 진료비를 받으려면 당신들이 해야 할 일이고."

"X-선 한 장만 찍어봅시다." 의사는 처음 진찰할 때 빠뜨렸던 복부의 일자형 상처자국에 눈길을 주면서 말했다. 환자가 땀을 흘리고 정신이 흐릿해지며 아무 말도 하지 않아서 촬영에 동의하는 것으로 해석되었다. 그는 이동침대에 실려 방사선과로 가서 좁고 편평한 촬영 테이블 위로 옮겨졌다. X-선 필름판이 환자의 아래에 끼워지고 X-선 기계가 환자의 위로 움직이더니 몇 초 안에 촬영이 끝났다. 그런데 환자가 갑자기 자신의 불룩한 배를 움켜쥐고 아프다며 비명을 질렀다.

"저 기계가 나를 쳤어!" 그는 소리를 지르며 일어나더니 방사선사에게 주먹을 날렸다. 무방비 상태로 있던 불쌍한 여성기사의 턱이 부러졌다. 그는 촬영실을 나가려 했지만 닫힌 문에 부딪혀 바닥으로 넘어지며 무릎을 꿇었다. 즉시 비상이 걸리고 경비원들이 달려와서 반항하는 환자를 쉽게 제압했다. 그를 침대에 묶고 또다시 위험한 행동을 할 경우에 대비해 경찰을 불렀다. 방사선사가 다음 환자가 되었다. 부어 오른 턱을 X-선 촬영한 결과 그녀는 당분간 빨대로 마셔야 하는 신세가 되어 후유장애 수당지급 대상자가 될 것으로 확인되었다.

소란이 끝난 후 정신이 반쯤 나간 의사는 그제야 환자의 복부 X-선 필름을 검토할 생각이 들었다. 급한 불을 끈 경찰들은 자신들이 대신 지불한 의료비를 본부에 청구하기 위해 의료비 영수증을 달라고 하고 있었다.

필름을 판독상자에 끼우고 불을 켜는 순간 의사는 자신의 눈을 의심했다. 펜치, 작은 망치, 지퍼, 펜(최소한 세 개), 동전들, 철사, 체인 등 환자의 위장 속에 들어 있는 갖가지 금속 물체들의 그림자가 X-선 사진에 서로 얽혀서 나타났다.

수갑이 채워진 환자에게 간 의사는 혹시 이 수갑까지 먹어버리는 것이 아닐까 하는 걱정이 들기도 했다. "환자분은 이상한 것을 먹는 습관이 있군요." 의사가 말을 시작했다. 그러나 뭔가 이상하다는 것을 발견했다. 환자는 땀을 심하게 흘리며 좀 더 창백해져 있었다. 숨쉬기도 힘들어 보였다.

"당신은 X-선 기계로 나를 쳤어, 당신을 죽여버릴 거야." 묶여 있는 침대에서 벗어나려 몸부림치며 그가 내뱉은 분노에 찬 대답이었다. 그 말과 함께 환자는 눈을 뜨고 입을 크게 벌린 채 의식을 잃었다. 바이탈사인들이 소실되었다. 그때부터 45분 동안 환자를 살리기 위해 필사적인 노력이 있었지만 사망한 것이 확실했다. 소생술이 중단되고 검시관이 불려왔다. 다음날 부검이 있었다.

그의 위장과 소장에서 97개의 물건을 꺼냈다. 소장이 뚫린 것이 사망의 원인이었다. 스위스제 날카로운 군용 칼이 소장을 뚫고 나갔다. 손잡이 끝에는 아직 가격표가 매달려 있었다.

위장관의 벽에는 움츠림반사 기능이 있어 압력이 가해지면 쪼그라든다. 벌레에 손가락을 댈 때 벌레가 움츠리는 것과 같다. 강박적으로 삼켜대는 사람들이라도 위장과 소장이 쉽게 뚫어지지 않는 이유가 여기에 있다. 그러나 이 환자의 위장관은 너무 많은 물건들로 늘어나 있어 더 이상 움츠러들 수가 없었다.

꺼낸 물건들은 금테안경, 여러 가지 볼트와 너트, 나사, 와셔, 합쳐서 1.43달러의 동전들, 안전핀과 못 여러 개, 열쇠 일곱 개, 손톱깎이, 손목시계, 그리고 허리띠 버클 등이었다.

멈춰지지 않는 웃음

열여덟 살 청년이 살충제를 조금 흡입한 다음 한 시간 가까이 웃음이 멈추지 않는다며 병원을 찾았다. 정원용품점 종업원인 벤은 농축된 살충제를 한 차례 흡입했다. 주차장에서 가게의 꽃에 뿌릴 살충제를 혼합하던 중 실수로 스프레이의 열림 밸브를 누르는 바람에 살충제가 뿜어져 나왔고 그때 깊이 흡입하게 된 것이다.

그 즉시 벤은 손가락과 발가락이 저려왔으며 이어서 현기증이 나타났다. 그리고 몇 초 후 갑작스럽게 웃음이 터지기 시작하여 멈출 수가 없었다. 그는 이렇게 병적으로 웃음을 터트릴 이유가 없다고 생각했지만 통제가 되지 않았다. 가게 주인은 이 웃음거리가 산업안전국의 조사 대상이 될 수 있다는 걱정에 벤을 병원에 보냈다.

진찰에서 바이탈사인은 모두 정상이었다. 하지만 자꾸 터져 나오는 웃음 때문에 진찰과 대화가 끊어졌다. 그 자신도 어쩔 수 없는 웃음소리가 응급실 전체에 울렸다. 의료진들도 그의 웃음이 고의가 아님을 알았다.

"선생님, 멈출 수가 없어요." 그가 호소했다. "우스운 일은 아무 것도 없는데 웃음이 나오는 걸 어쩔 수가 없습니다." 그리고는 웃는 표정을 한 채 고음의 무지막지한 비명을 질렀다. 응급실의 의료진은 응급실에서 다루는 질병과는 어울리지 않는 이 상황을 어떻게 해결해야 할지 몰라 머리만 긁적일 뿐이었다. 신경과 의사가 호출되었지만 그 역시 머리를 긁을 뿐이었다. 이런 환자를 한 번도 본 적이 없었기 때문이다. "바륨을 정맥주사 해봅시다." 그가 제안했다. "잠 잠해질 수도 있겠죠."

그때까지 두 시간째 웃음이 지속되고 있었다. 벤은 이제 배와 허리가 아프기 시작했다.

바륨 10밀리그램이 정맥으로 주사되자마자 웃음이 멈추었다. 뇌의 CT 사진은 정상으로 나왔다. 벤은 응급실을 나가기 직전까지 그날 오후를 꾸벅꾸벅 졸았다. 이후 벤에게 이런 상황은 재발하지 않았으며 그의 웃음 기전은 정상이어서 적절할 때만 웃었다.

벤은 화학물질에 노출되어 그와 같은 증상을 나타낸 것으로 추정되는데, 이와 같은 감정 반응을 '억제불능성 병적 웃음'이라 부른다. 영화 《배트맨》에 등장하는 악당 조커가 그 첫번째 사례라 할 수 있다.

우리 뇌에서는 여러 곳의 해부학적 부위들이 웃음을 만들고 통제하는 데 관계된다. 대뇌피질, 측두엽, 시상하부, 그리고 연수핵 등이다. 복잡하게 얽힌 억제 자극을 통해 웃음이 통제되는데, 어떤 원인에 의해 이런 억제 기전에 문제가 생기면 브레이크가 고장 난 채 언덕을 내려가는 자동차처럼 웃음이 멈추지 않고 계속될 수 있다.

간질의 여러 형태 중에는 웃음이 통제되지 않고 계속 터져 나오는 큰웃음 간질이라는 형태도 있다. 정신질환이나 여러 종류의 종양, 외상, 그리고 다양한 신경학적 질환들이 여기에 관계될 수 있다.

벤의 경우는 간질이 아님이 확인되었으므로 살충제가 원인으로 추정되었다. 그러나 살충제에 중독된 이후 웃음이 계속되었다는 다른 사례가 학술지에 보고된 적은 없다. 그는 앞으로 살충제를 조심하라는 충고만 듣고 별 탈 없이 집으로 돌아갔다.

내 물건 좀 어떻게 해줘요

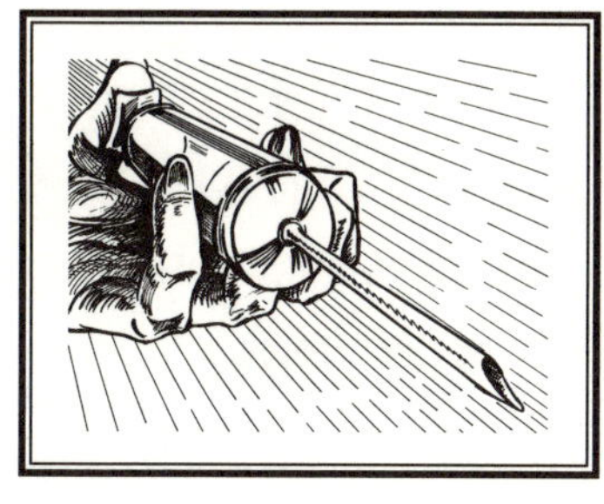

건강한 열여덟 살 소년이 12시간 동안 발기가 계속되며 통증이 생겨서(지속발기증) 병원 응급실을 찾았다. 사정을 해도 발기가 가라앉지 않았다.

무척 힘들어하는 그의 체육복 바지는 앞이 텐트처럼 튀어나와 있었다. 그는 가엾다는 듯이 쳐다보며 웃는 간호사들 사이를 지나 진찰실로 들어갔다. 진찰을 받으며 그는 너무 힘이 들어 비협조적이었다. 혈압은 정상이었고 맥박은 120회로 조금 빨랐다.

"언제부터 이렇게 됐지?" 응급실 여의사가 그의 발기 부위를 쳐다보지 않으려 애쓰며 물었다.

"남자 선생님이 보시면 안 됩니까?" 그가 대답했다. "선생님, 창피해 죽겠습니다. 여자가 이것을 쳐다보고 만지면 어떻게 합니까?"

"지금은 의사가 나 혼자뿐이야." 여의사가 재촉하듯 말했다. "자, 다시 시작하자. 언제부터 이렇게 됐지?"

"어젯밤부터요." 그가 불만에 차서 말했다.

"왜 이런지 짐작되는 것은 없니?" 그녀가 물었다.

"그걸 알면 여기 왔겠습니까?" 그가 대답했다. "보세요, 저는 죽을 지경입니다. 약을 주시거나 어떻게 좀 해볼 수 없습니까?" 그가 반쯤 웃으며 말했다.

여의사는 그를 무시하고 검사를 해 나갔다.

"바지를 내려라." 그녀가 지시했다.

그는 머뭇거리며 바지는 바닥으로, 속옷은 무릎까지 내렸다. 굵게 발기된 그의 물건이 그녀를 향해 서 있었다. 그녀는 마치 자신에게 인사하는 것처럼 느껴져 웃음을 참기 위해 애를 썼다. 하지만 그녀는 지속발기증이 의학적으로 심각한 문제임을 기억했다.

"얼마나 오랫동안 이 상태였니?" 그녀가 다른 이상은 없는지 확인하기 위해 그의 성기를 만지며 물었다.

"어제 저녁부터라고 말씀드리지 않았습니까, 12시간요." 그가 이를 악물고 찡그린 표정으로 대답했다. "정말 죽을 지경입니다. 이놈이 이제 시퍼렇게 변하는 것 좀 보세요. 딸딸이를 두 번이나 쳐봤지만 마찬가지더라고요."

"마스터베이션은 도움이 안 돼. 오히려 더 나쁘게 만들기도 하지. 최근에 무슨 약물 한 적 있니?" 그녀가 고환의 이상을 검사하기 위해 지긋이 쥐어보며 조심스럽게 묻자 그는 부끄러워했다. "어떤 것 말씀입니까?" 그가 물었다. 그는 한쪽 눈을 감고 입에는 어색한 웃음을 지었다.

"말해 보렴." 그녀가 말했다.

"이 일이 있기 전에 무슨 잡초를 피웠는데 양이 조금 많았습니다." 그가 인정했다.

"얼마나 많이 피웠니?" 거의 발 길이만큼 발기된 성기에 눈을 고정시킨 채 그녀가 물었다.

"생각 안 납니다." 그가 거짓말을 했다.

"좋아, 상관없어." 그녀가 말했다. "그렇지만 발기된 이것이 정상적으로 되지 않으면 큰 문제가 생기게 될 거야."

"어떻게 정상으로 만들 생각이세요?" 그가 물었다.

"전에는 얼음주머니로 감싸고 찬물로 관장을 했지만, 이제는 더 좋은 방법이 있단다." 그녀가 대답했다. "몸 안에서 조금 뽑아내고 씻어주기만 하면 돼. 우선 그 부분이 원인인지 확인하기 위해 검사를 몇 가지 할 거야." 그녀는 덧붙여 말했다. "비뇨기과 선생님이 와서 해주실 거다." 그녀는 이 말을 마치고 진찰실을 나갔다. 환자는 놀라서 입을 벌린 채 앉아 있어야만 했다.

그곳이 계속 욱신거리는 가운데 15분 정도를 기다리자 비뇨기과 레지던트가 나타났다. 하지만 그 마약중독자에게는 애석하게도 매력적인 검은 머리를 한 여의사였다.

"그곳에 주사바늘을 찔러넣을 거야." 그녀는 환자를 직업적으로 다루면서 설명했다. "이런 경우를 지속발기증이라고 해. 피가 안으로 들어가서는 나오지 못하고 있단다. 그래서 내가 여기 이 부위에서 피를 뽑아낼 거야." 그녀가 페니스의 기저부에 물컹하게 부풀어 오른 부위를 가리키며 말했다.

"국소마취를 시키기 때문에 아프진 않을 거야. 음경마취라는 방법이지." 그녀가 연푸른색 수술마스크를 쓴 채 말했다. 그녀의 푸른색 두 눈은 아름다웠고, 마스크 위로 잘 그려진 마스카라가 보였다. 그녀는 가슴선이 강조되도록 약간 처진 흰색 블라우스와 착 달라붙는 검은색 바지 차림이었다.

그녀가 요드액으로 환자의 페니스를 닦은 후 녹색 천을 덮어 작은 부위만 드러냈다. 그리고는 장갑 낀 손으로 발기된 페니스를 부드럽게 쥐고 기저부에 주사바늘을 찔러넣었다. 더 큰 주사바늘을 찌를 때 고통을 없애기 위해 마취시키는 것이었다. 그리고 몇 분이 지났다.

"이 부위에 느낌이 있니?" 그녀가 감각을 검사하며 물었다.

"없는 것 같은데요." 그가 모호하게 대답했다.

"이제 이곳을 쳐다보지 않는 게 좋을 거야." 그녀가 지시했다. "다른 사람들도 그렇게들 해."

그녀는 커다란 주사바늘을 들더니 그의 페니스에 찔러넣고 피스톤을 뒤로 당겼다. 발기가 점차 가라앉으며 보라색 혈액이 주사기를 채웠다. 비뇨기과 여의사는 생리식염수를 주사한 후 다시 뽑아냈다. 이 과정을 대여섯 차례 반복하자 30분 안에 그의 페니스는 정상적으로 축 처진 상태가 되었다.

"오늘 밤에는 너를 살펴보아야 해. 그 부위를 그대로 두렴. 다시 이런 일이 생기지는 않을 거야." 그녀가 강조해서 말했다.

지속발기증은 성적 욕구가 없는데도 발기가 지속되며 통증이 있

 칫솔을 삼킨 여자

는 경우를 말하며 사정으로도 가라앉지 않는다. 의학용어로 지속발기증을 프리아피즘(Priapism)이라 하는데 그리스신화에 나오는 풍요의 신이자 남성 생식력의 신 프리아포스(Priapos)에서 비롯된 단어다. 겸상적 혈구증, 사지마비, 일부 약물들, 마약류, 백혈병, 과도한 음주 등 여러 가지 질환이 원인이 될 수 있으며, 놀랍게도 과도한 성생활에서 비롯되는 경우도 있다.

없어진 신체 일부

스물일곱 살의 한 남성이 병원으로 급히 실려왔다. 새벽 세 시경 지나가던 사람이 시내의 주차장에 쓰러져 있던 그를 발견했다. 피투성이 상태의 그는 오른손으로 성경을 쥐고, 왼손과 오른발은 손목과 발목에서 잘려나간 모습이었다. 20센티미터 길이의 나무손잡이 주방용 칼에 왼쪽 눈은 튀어나온 채 난자당했으며, 오른쪽 눈을 좌우로 움직이며 알아듣지 못할 말을 중얼거리고 있었다.

구조요원들은 빠르게 환자를 살펴본 후 팔다리에 지혈대를 감고는 두 사람이 함께 들어 앰뷸런스로 옮겼다. 칼은 현장에 그대로 두고 잘려나간 팔다리는 가방에 담았다. 괴한의 습격을 받은 것으로 생각하고 경찰이 출동해서 범죄 현장에 노란색 테이프로 경계선을 만들었다.

응급실의 급성처치실에서 환자를 진찰했다. 혈압이 매우 낮아 위험했기 때문에 굵은 정맥주사선을 두 개 확보했다. 혈액 주머니에서 검붉은 색의 액체가 정맥주사선을 통해 쏟아져 들어갔다.

환자는 급히 수술실로 옮겨져 팔다리 봉합수술을 받았다. 눈은 살릴 수가 없었기 때문에 당직 안과의사가 안구를 적출해내는 수술을 했다.

다음날 경찰이 그를 심문했다. 후회의 눈물이 뺨을 타고 흘러내리는 가운데 그는 자해한 결과임을 시인했다. 자신의 안구를 스스로 떼어내고 팔다리를 절단했다. 알코올과 암페타민에 중독되고 며칠째 잠을 자지 못한 상태에서 그는 성서가 자신에게 팔다리를 자르라고 명령하는 소리를 들었다. 나머지 다리마저 자르려고 했지만 출혈이 심해 의식을 잃는 통에 환청이 내린 명령을 완수하지 못했다.

몇 년째 암페타민에 중독된 그는 마태복음 5장29절을 신봉했다. "만일 네 오른쪽 눈이 죄를 짓게 하거든 그 눈을 빼어 던져버려라. 네 몸 전체가 지옥에 던져지는 것보다 신체 중 하나를 잃는 것이 낫다." 약물에 심하게 중독된 상태였던 그는 몸의 더 많은 부분을 떼어내 버릴수록 자신이 더 순수해진다고 믿었던 것이다.

급성 암페타민 중독은 편집증과 흥분상태를 초래한다. 만성 중독은 환상과 환청을 발생시키는 경우가 흔하며 자해 행동과 관련된다. 만성 암페타민 중독과 정신분열병의 병적인 사고 과정은 구별하기 어려울 수도 있다.

죽음으로 몰고 간 입 냄새

스무 살의 대학생이 의식을 잃은 상태로 응급실에 실려왔다. 동료의 말에 따르면 낮 12시경에 그의 방에서 발견되었는데 최근 이틀 동안 아침식사 시간과 오전수업에 보이지 않았다고 한다. 걱정된 친구들이 아파트 문을 부수고 들어가니 그는 침대에서 잠든 것처럼 누워 있었다. 깨워도 일어나지 않자 친구들이 앰뷸런스를 불렀다.

친구들이 아는 한 그는 병을 앓거나 입원한 적이 없었으며 복용 중인 약물도 없었다. 그는 열심히 공부하는 성실한 성격으로 마약류나 음주를 하지 않았다. 그의 가족들 중에도 큰 병을 앓은 사람이 없었다. 앰뷸런스가 현장에 도착했을 때 구조요원들은 빈 약병이나 약물투여용 주사기, 혹은 술을 발견하지 못했다.

입원 후에 혼수상태는 더 심해졌다. 즉시 기도삽관을 시행하고 호흡기에 연결하여 환자의 호흡을 유지했다. 혈압과 맥박에는 문제가 없었다. 그러나 심부 체온이 34도로 낮은 저체온증 상태였다. 통증 자극을 주면 팔을 젓는 반응을 보였지만 눈을 뜨지는 않았다. 동공이 작아져 있었고 빛을 비춰도 수축되는 반응을 나타내지 않았다. 약물 과다복용의 가능성을 염두에 두고 코를 통해 비위장관을 삽입하여 위장까지 활성탄을 주입했다. 검은색의 현탁액이 위장 속으로 들어가자 환자는 침대 위에 끈적거리는 타르 색깔의 덩어리를 토해냈다. 뇌출혈이 자연적으로 발생했을 가능성도 생각했다. 그러나 머리의 CT 사진과 뇌척수액 검사는 정상이었다.

혈액을 채취하여 검사실로 보냈다. 혈액검사 결과 한 가지 항목이 특이했다. 혈중 마그네슘 수치가 정상치보다 세 배나 높았다. 의사들 중 누구도 이렇게 마그네슘 수치가 높은 경우를 본 적이 없었다. 그들은 인터넷 의학 사이트에 치료방법에 대해 문의했다. 이처럼 놀랍고 이상한 소견의 원인은? 건강한 사람에게 고마그네슘혈증(hypermagnesemia)이 생기는 경우는? 한 가지 가능성뿐이었다. 그것은 마그네슘을 먹는 것으로 고의거나 실수였을 것이다.

환자의 혈액에서 가능한 한 빠르게 과잉 마그네슘을 제거하기 위해 칼슘을 정맥주사하고 응급 혈액투석을 시행했다. 혈액투석을 하는 중에 환자의 심장이 멈췄지만 아트로핀을 주사하고 임시 경정맥 심박조율기를 활용하여 소생시킬 수 있었다. 그러나 그 다음 네 시간 동안 심장박동이 엉망으로 흐트러지고 혈압이 절망적일 정도로 떨어졌다. 정맥주사를 통해 네 가지 강력한 약제를 한꺼번에 쏟아부어 혈압을 정상으로 올려보려 했다. 의료진이 온갖 방법을 동원하여 결사적으로 소생술을 시도했지만 그의 생명을 구할 수는 없었다. 병원에 온 지 12시간 만에 사망선고가 내려졌다.

마그네슘의 혈중 수치는 높은 경우보다는 낮은 경우가 더 흔하다. 마그네슘이 포함된 하제를 과도하게 복용하는 경우는 수치가 높아질 수 있는데 병원에서 이렇게 과도하게 투여할 때도 많다. 이러한 형태의 고마그네슘혈증은 의사들이 만든 질환이라는 의미에서 의원성(醫源性)이라 부른다. 영어로는 의사를 의미하는 이아트로스(iatros)에서 나온 이아트로제닉(iatrogenic)이라는 단어로 표현한다. 위산이 적을수록 좋다고 잘못 알고 있는 환자들이 마그네슘을 포함한 제산제를 과다 복용하여 발생하는 경우도 있다.

원인을 몰라 의아해 하던 의사들은 슬픔에 잠긴 그의 친구들에게 자세히 질문을 했다.

"제가 생각해볼 수 있는 것은 한 가지밖에 없는데, 레이는 입 냄새 때문에 걱정을 많이 했어요."

룸메이트였던 필이 대답했다. "최근에는 그것 때문에 조금 강박적이 되기까지 했죠. 언제나 입을 가글링하고 있었으니까요."

응급실 의사는 마그네슘이 함유된 제품들의 목록을 보여주며 레이가 가글링할 때 사용한 제품을 아는지 물었다. "엡섬 솔트였습니다." 룸메이트가 대답했다.

원인을 찾았다. 바로 엡섬 솔트였다. 혼란에 빠져 있던 응급실 의사가 프린트한 목록의 세번째에 있던 제품이었다.

레이는 엡섬 솔트를 물에 타서 가글링했다. 한 달 전, 레이의 여자친구가 그에게 입냄새가 난다고 말해주었다. 고의는 아니었지

만—어떻게 보면 의도적으로—그 후 가글링할 때마다 고농도의 마
그네슘 제품을 소량씩 삼키게 되어 만성 마그네슘 중독으로 이어졌
던 것이다.

카페인 중독으로 흥분한 보디빌더

한 보디빌더가 흥분한 상태로 주치의 진료실을 찾았다. 최근 3일 동안 잠을 자지 못했기 때문이었다.

"차례가 될 때까지 기다리세요." 간호사가 말했다. "덩치가 아무리 좋아도 어쩔 수 없습니다." 190센티미터에 100킬로그램의 거구가 그녀를 노려보며 한 시간째 대기실 안을 왔다갔다하고 있었다. 다른 환자들은 그의 체구에 겁을 먹고 멀찍이 피했다. 간호사는 이대로 두면 언제 폭발할지 모른다고 생각하여 그에게 진찰실로 들어가게 했다. 그러나 그래도 소용없었다. 그는 조용히 앉아 있질 못했다. 눈을 부릅뜨고 땀을 흘리며 진찰대 옆의 작은 의자에 앉았다가 벌떡 일어나서는 진찰실을 나와 복도를 서성대기 시작했다. 귀에 달린 귀걸이가 흔들렸다.

"아놀드 씨." 의사가 그에게 인사를 했다. "이리 오세요. 지금 진찰해 드리겠습니다."

닥터 심린은 작은 키와 깡마른 체구에 긴 코를 가졌다. 머리카락이 머리 주위를 둥글게 감쌌고 가운데는 대머리였다. 얇은 철사테 안경을 쓴 얼굴에는 웃는 표정의 문신이 새겨져 있었다.

"긴장되어 보입니다. 무슨 일입니까?"

아놀드가 너무 빠르게 말했기 때문에 무슨 말인지 이해하기 힘들었다. 그의 눈은 사방으로 움직였다. 의사가 좁은 사각형 의자에 앉아 있는 동안 아놀드는 앞뒤로 왔다갔다했으며 그때마다 의사의 무릎을 스쳤다.

"지금 마음이 아주 불안합니다. 저를 좀 진정시켜주세요." 아놀드가 말했다.

"다른 증상은 없습니까?" 의사가 걱정되는 듯이 물었다.

"당신이 의사잖아요. 보면 모릅니까?" 그가 소리를 질렀다.

그는 의사 앞에 우뚝 서서 협박하듯이 얼굴을 노려보았다.

"진정하세요. 저는 도와주려는 것입니다." 의사는 환자와 대화를 계속할지 아니면 경찰을 불러야 할지 생각하면서 말했다.

"좋아, 좋아. 말할 테니 들어보시지. 나는 도저히 잠을 잘 수 없어 미칠 지경이오. 뱃속은 전쟁터처럼 부글거리고, 심장은 총알보다 빨리 뛰고 있는 것 같소."

닥터 심린은 이빨로 깨물어 핏방울이 맺혀 있는 그의 입술을 보았다. 여러 진단명이 머릿속을 지나갔다. 마약? 스테로이드? 갑상선? 정신병자? 이 모두가 합쳐진 사람?

"지금 복용 중인 약이 있습니까?" 의사가 물었다.

“운동용으로 딱 한 가지 있지. 보다시피 나는 보디빌더요. 도대체 왜 그런 바보 같은 질문을 하는 거요?”

“아놀드 씨가 말하는 한 가지 그것이 뭡니까?” 의사가 말했다.

“빌어먹을 그 카페인 알약이지.” 그가 큰소리로 내뱉었다. “다 말했으니 얼른 뭘 좀 달란 말이야!”

위험을 느낀 의사는 자리에서 일어나 간호사에게 경찰에 연락하도록 지시했다.

5분 후 경찰 두 명이 도착했다. 한 사람은 우락부락한 남자였고 다른 한 명은 늘씬한 여경이었다. 그들은 재빨리 상황에 대한 설명을 듣고 복도를 걸어가서 서성대고 있던 아놀드를 발견했다.

“왜 그러시죠?” 경찰 한 명이 물었다.

“당신들 뭐야?” 아놀드가 고함을 질렀다.

“어떤 놈이 당신들을 불렀어? 난 잘못한 거 없어.”

그는 경찰을 밀치고 지나가려 했지만 1분도 안 돼 손에 수갑이 채워지고 몸에 포승이 묶인 채 유치장에 갇히게 되었다.

유치장에서도 아놀드는 계속 안절부절 못하며 고함을 지르고 맹세를 해댔다. 그는 의사와 간호사 등 병원 의료진들의 지시를 따르겠다고 서약했다. 그를 안정시킬 필요가 있고 유치장에서 죽기라도 하면 안 된다고 생각한 경찰은 그를 병원으로 보냈다.

“저는 도대체 무슨 일이 일어났는지 모르겠습니다. 제 주치의에게 카페인 알약에 대해 말하고 있었는데 경찰들이 나를 경찰차로 끌고 갔습니다.”

“그럼 카페인 알약에 대해 제게 말씀해주십시오.” 수갑을 찬 환자에게 응급실 의사가 친절하게 말했다.

"별로 말할 게 없습니다. 힘을 강하게 하기 위해 먹었을 뿐이죠. 힘이 셀수록 좋지 않습니까?"

"그렇군요. 몇 개씩 사용하셨나요?"

"최근에는 좀 많이……." 그가 말끝을 흐렸다.

"얼마나 많다는 말이죠?" 의사가 물었다.

"지난 닷새 동안 하루에 25개 정도씩."

그 남자에게 나타난 문제의 원인이 명확해졌다. 급성 카페인 중독으로 인한 증상이었다. 알약 한 개에는 카페인 150밀리그램이 포함되어 있는데, 이것은 진한 커피 한 잔에 해당하는 분량이다. 그는 매일 운동하기 전 에스프레소를 25잔 마신 셈이었다. 통상적인 용량인 200밀리그램 카페인을 먹는 대신에 커피나 홍차 한 잔을 마시는 경우가 있는데, 그는 지난 5일 동안 매일 4그램(4000밀리그램)씩 섭취한 것이다.

의사들은 실수로 과잉 섭취한 사례라고 간주하고 중독을 제거하기 위한 치료를 시작했다. 그의 위장 속으로 활성탄 현탁액을 주입했다. 과잉된 카페인에 결합시켜 더 이상 흡수되지 않게 하기 위한 처치였다. 그리고 수갑을 풀고 나흘 동안 입원시켰다. 자세한 혈액 검사에서는 근육까지 손상되어 신장을 침범한 것으로 나타났다. 그러나 그 두 가지는 퇴원하기 전 모두 정상화되었다.

카페인은 위장에서 빠르게 흡수되는데 부작용으로 불안, 불면증, 설사, 그리고 두근거림 등이 나타날 수 있다. 드물지만 고용량을 섭취하면 간질과 혼수가 발생할 수도 있다. 습관성 약물로 일정

하게 복용하다가 갑자기 중단하면 두통 등의 금단증상이 나타나기
도 한다.

　카페인은 '운동능력 향상 보조제'로 알려져 있다. 많은 용량일
수록 운동능력을 더 강하게 해준다는 증거는 거의 없지만, 매우 많
은 용량일 경우에는 신체적 능력을 높여주기도 한다. 카페인은 중추
신경자극제로 분류되며 운동선수들이 자주 사용한다. 국제올림픽
위원회에서는 카페인을 금지약물로 규정하였지만, 거의 대부분의
식품이나 음료수에 함유되어 있기 때문에 낮은 수치일 경우는 허용
되고 있다. 진한 커피를 최소한 여섯 잔 이상 마셔야 올림픽에서 약
물검사에 걸릴 정도가 된다. 그 경우 징계를 받지 않으려면 변호사
를 고용해서, 카페인을 그런 목적으로 이용할 생각이 없었음을 주장
해야 할 것이다.

남성의 페니스 속으로 들어간 연필

마흔한 살의 남성인 케니가 민박집에서 시신으로 발견되었다. 그 집의 장기 투숙자였던 그는 독신에 무직자로 매달 나오는 정부의 지원금과 연필을 깎아 파는 돈으로 생계를 꾸려나갔다. 그의 삶에 대해서는 아는 사람이 별로 없었고 검시관도 그랬다.

케니는 십대를 길거리에서 보내고 여러 천한 직업들을 전전하다가 결국 마지막 자존심마저 버리고 정부의 생계보조금에 의존하게 되었다. 가끔 이웃의 부랑인들과 어울렸지만 알코올이나 약물 중독자는 아닌 것으로 알려져 있었다. 행동은 온순하고 예의를 지켰으며 벤치나 구석진 자리에 조용히 앉아 있을 때가 많았다. 그는 싸우지 않았고 고함을 지르거나 화를 내는 법이 없었으며 시시껄렁한 농담을 하지도 않았다. 말하자면 케니는 덤덤한 사람이었다.

닥터 힐로이는 화가 났다. 일주일 동안의 당직 검시관 임무가 거의 끝나가고, 부검 사례 없이 잘 넘어갔다고 생각하고 있을 때였다. 그는 나이 들고 관절염으로 고생하면서 자신의 전공인 병리과에 싫증을 느끼며 은퇴를 꿈꾸고 있었다. 40년 전에 이혼한 경력이 있었고 이혼 직후 그의 첫번째 아내가 낳은 아들에 대해서는 전혀 몰랐다. 그는 세번째 아내와 함께 큰 걱정 없이 성실히 살았지만, 지금 살고 있는 작은 집을 벗어나 커다란 콘도에 들어갈 정도의 재산을 모으지는 못했다. 지역의 작은 병원에서 병리과 의사로 근무하면서 얻는 수입을 보충하기 위해 지역 검시관 업무도 맡았다. 그 일은 꽤 수입이 괜찮았지만 일흔 살이 되어서도 밤길을 가야 한다는데 쓸쓸한 기분이 들곤 했다.

"나는 외과의사가 되는 게 좋았어." 그가 수술용 칼로 케니의 노란색 피부를 절개하면서 중얼거렸다. 사체는 그와 비슷한 체구에 같은 푸른색 눈, 그리고 얇은 입술을 하고 있었다. 그는 두피를 벗겼다. 머리에 외상을 입은 증거는 없었다. 강력한 원판 톱을 이용해 케니의 두개골을 마치 빵 모서리 자르듯이 도려냈다. 뇌는 치약과 비슷하게 물렁한 조직이다. 그는 뇌를 들어내고 연한 고기처럼 얇게 잘랐다. 출혈은 없었다.

"이건 분명 심장 문제야." 그는 이렇게 생각하며 가슴 쪽으로 옮겨갔다. 조수가 흉곽을 가르고 묵직한 소리와 함께 늑골을 젖혔다. 힐로이는 심장을 잘라냈다. 주먹만한 크기였다. 심장을 둘러싼 번지르르한 지방은 정상적인 양이었는데, 심장을 보니 저녁식사 때 포크로 찍을 고기가 생각났다. 장기와 혈관들을 살펴보았지만 질병의 증거는 없었다. 아직 사망원인을 찾지 못했어도 그는 별로 신경 쓰지 않았다. 젊었을 때는 이 같은 사례를 보면 흥분되었지만, 수십 년 전에 그와 같은 열정은 사라졌다. 흥미도 감정도 없이 그는 그 사체 혹은 생명에 관심을 두지 않았다. 빨리 집에 가고 싶은 생각뿐이었다.

"알코올중독 부랑인일 뿐이야." 그는 복강을 열면서 생각했다. 악취가 나는 내용물들이 스테인리스로 된 부검대 위에 쏟아졌다. 대변과 혈액 냄새가 지하 시체실의 화학방부제 냄새와 섞였다.

사망원인이 드러났다. 케니의 복강에는 혈액이 가득 차고, 노란색 연필 한 자루가 연필심을 위로 향한 채 내장들 속에 들어 있었다. 자세히 살피자 방광에 구멍이 보였다. 케니는 연필을 자신의 페니스 속에 넣었는데 그것이 방광을 뚫고 복강으로 들어갔다. 그로 인해 세균 감염과 복막염이 발생하여 사망한 것이다. 자기색정사의 또 다른 사례였다.

힐로이는 간단한 보고서를 받아 적게 하고 포크로 고기를 찍기 위해 차를 몰았다. 그는 케니가 누구인지 알지 못했으며, 더러워진 장갑을 벗는 그 순간부터 다시는 그에 대해 생각하지 않았다.

구멍(귀, 코, 입, 질, 항문 등)에 맞으면 무엇이든 끼워넣을 수 있다. 접은 우산이 뱃속에 들어가 있는 X-선 사진도 있었는데, 그 우산은 장기능에 문제를 초래할 수 있어 수술로 제거되었다.

몸을 토막 낸 도로 안내판

사고는 전날 저녁에 일어났다. 2차선의 좁은 지방 고속도로 위로 태양이 솟아오르자 한 남자의 잘린 몸의 두 부분이 각각 약 50미터 떨어진 상태에서 발견되었다. 체액이 두 부분 사이를 연결해주었다. 핏자국과 신체 장기의 찢긴 조각들이 자동차 주위에 어지러이 널려 있었다. 트럭기사가 경찰에 연락했는데 그는 자세한 상황을 전해주지 않고 그냥 운전해 갔다. 경찰은 교통을 차단하고 현장을 보전했다.

"실종신고 된 그 친구지?" 윌리엄즈가 물었다.

"맞아. 확실해." 그의 파트너가 스티로폼 컵에서 커피를 한 모금 마시며 대답했다.

희생자의 색바랜 청바지 뒷주머니에 얌전히 꽂혀 있는 지갑에서 그가 서른여덟 살의 젭 마카임을 확인할 수 있었다. 경찰들이 아는 사람이었다. 그의 아내가 전날 그의 실종신고를 했었다. 그는 아내가 자신이 버는 것보다 더 많이 쓴다며 아내와 다투었다. 실직하고 실망한 그는 우울한 상태에서 술에 취했고, 해질 무렵 집을 나가 자신의 BMW 가속페달을 밟았다. 사고현장은 그의 집에서 30킬로미터 정도 떨어진 곳이었다.

젭의 몸 아래쪽 절반인 골반과 하지들은 BMW3 시리즈 신형 2도어 차량에 앉은 자세로 보라색 피를 덮어쓰고 있었다. 조사관인 한슨은 자신이 몸체도 머리도 없는 사체에서 지갑을 꺼내고 있다는 사실에 대해 많은 생각을 하지 않았다. 이 사람의 몸이 어떻게 두 부분으로 나눠지게 되었는지 알 수 없었지만 타살이 아닌 것은 확실했다. 한슨의 파트너는 도로를 거슬러 올라간 곳에서 젭의 몸 위쪽 절반을 살펴보았다. 도로 옆 배수구 안에 있었는데, 마치 로봇에서 빠져나온 철사줄처럼 내장들이 매달려 있었다. 젭의 회색빛 얼굴은 찌그러진 채 입에서 진흙과 풀들이 삐져나와 있었다. 그 위에는 하얀색 배경에 젭의 피가 뿌려진 안내판이 약 2.5미터 높이로 서 있었다. 금속기둥의 녹슨 가장자리에 찢겨 나간 신체 조직들이 걸려서 흔들렸다.

"자네가 지금 무슨 생각을 하는지 알고 있네. 나랑 같은 생각이지?" 한슨이 말했다.

"정말 이상한 방법으로 목숨을 끊었군." 윌리엄즈가 대답했다.

"이 사람 아내에게는 뭐라 말해야 하지?"

"자세한 상황은 말하지 말자고. 직접 못 볼 거잖아. 장의사로 옮

겨서 다시 봉합해주면 왕처럼 장례를 지낼 수 있을 거야." 그가 농담
을 섞어 말했다.

검시관이 현장을 조사하고 견인차가 차를 실었다. 나중에 청소
요원들이 도착해서 둘로 나누어진 몸을 걷어갔다.

한슨이 조사보고서를 작성하기 시작했다. "사체는 11번 고속도
로 옆에서 발견되었음. 몸의 위쪽 반은 배수로에 있었고, 아래쪽 반
은 차량 내에 남았는데 50미터 정도 떨어진 거리였음. 법의학자의
의견에 의하면 사망자는 고속도로를 시속 100킬로미터 이상의 속도
로 달리며 자살을 시도한 것으로 보임. 그는 안내판 쪽으로 방향을
전환하여 창문 밖으로 상체를 내민 상태에서 안내판으로 돌진하여,
몸은 안내판에 충돌하고 차량은 안내판을 통과해 간 것으로 생각됨.
그는 자신의 몸을 '절반'으로 잘랐음."

"왜 그는 다른 자살자들처럼 약을 먹지 않았을까?" 그는 의아하
게 생각했다. 그들은 시내로 돌아가며 새로 과부가 된 사람에게 그
사실을 말하지 않기로 마음먹었다.

저자인 롭 마이어스(Rob Myers)는 어릴 때부터 이상하지만 분명히 사실인 세계에 관심이 많았다. 이러한 취향은 의사가 된 후에도 계속되어 의학 잡지 등도 비슷한 흥미를 가지고 읽었다. 그러다 보니 의학적으로도 전혀 예기치 않았던 상황과 증상들, 그리고 그러한 일들의 결과를 모으면 의학적 만물상이 되겠다는 생각을 하게 되었고, 마침내 실제로 벌어진 '이상한 이야기'들을 모아 이 책을 펴내게 되었다. 책에 실린 51가지의 사례는 저자 자신의 임상경험과 학회지 0 등에 발표되거나 동료 의사들에게 들은 사례들 가운데 놀랍고도 흥미를 끄는 상황을 재구성하고 살을 붙여 만든 것이다.

　이 책에 등장하는 사례들은 현실에서 보기 드문 것이 사실이다. 그러나 병원을 찾는 모든 환자들의 질환이 의학 교과서에서 배우는 대로만 나타나지 않는다는 것도 사실이다. 때로는 너무나 비극적이고 때로는 기가 막히고 그럼에도 그저 웃어넘길 수만은 없는 이러한 일들이 극히 드물지만 실제로 일어나고 있다. 따라서 의사들은 교과서에 나오지 않는 모든 형태의 증상에 대해서도 보다 폭넓은 이해를 가지고 있어야 한다. 그러한 이해는 상상할 수 없었던 어떤 사례에 직면했을 때 좀 더 적절한 조치를 취할 수 있게 해줄 것이다.

저자는 캐나다에서 활동하는 심장병 전문의사이다. 따라서 사례의 대부분이 캐나다와 미국을 배경으로 하고 있는데 우리나라와는 딱 맞아떨어지지 않는 부분들이 있다. 예를 들면, 캐나다는 우리와 달리 국가보건서비스(NHS) 혹은 지역보건서비스(RHS)라고 불리는 사회화된 의료체계이기 때문에(지역별로 차이가 있다), 대부분 GP를 거쳐야 종합병원을 찾을 수 있다. 미국의 경우에도 대규모 민간의료보험 가입자들은 상황이 이와 비슷하다. 응급실도 응급환자만 찾는 곳이 아니라 예약이 안 된 환자들이 많이 이용하며, 병원의 입원실에는 개원의들이 자신의 환자를 입원시켜 진료하는 등 한국의 병원체제와는 다른 부분이 많다.

따라서 의학용어들의 경우 한국에서 많이 사용되는 용어를 선택하여 보다 이해를 돕고자 하였으며, 한국에서 사용되지 않는 일부 약물의 경우에는 현재 한국에서 쓰이고 있는 약물로 바꿨다. 대장경 검사 전 처치로 대장 세척에 사용되는 약물 등이 그러한 경우이다. 의료체계가 다른 부분도 독자들이 쉽게 이해할 수 있도록 상황에 맞게 변경하여 번역했다. 이미 언급한 바처럼 본문에 자주 등장하는 GP는 일반의로 번역된다. 하지만 이 같은 제도는 현재 우리나라에 없기 때문에 여기서는 일차 의료담당자라는 의미에서 주치의라고 번역하였다.

삶은 참으로 한치 앞을 내다볼 수 없는 안개 속이다. 이 길을 가면서 우리는 학습을 통해 많은 일들을 예상하고 준비하고 슬기롭게 처리하는 법을 배우지만 때로는 느닷없는 상황에 맞닥뜨려 당황하고 혼란을 겪기도 한다. 그러나 모든 일에는 항상 원인이 있다. 좋은 결과든 나쁜 결과든 모두가 어떤 시작에서 비롯된다. 이 책에 실린 기이한 사례들 역시 원인 없이 벌어진 일은 거의 없다. 결국 건강한 삶을 영위하고 좋은 죽음을 맞기 위해서는 지금 이 순간부터라도 좋은 원인을 만들어가야 한다. 바로 오늘, 우리의 자세로 인하여 내일 우리는 어떤 열매를 맺게 될 것이다.

책을 번역하는 과정에서 현직 의사인 남편의 도움을 많이 받았다. 공동번역자라 할 수 있는 남편에게 감사하며, 이 책을 통해 독자들이 한 번쯤은 삶의 돌발적인 상황에 대해서도 돌아보는 유익한 시간을 갖게 된다면 역자로서 큰 기쁨이 될 것이다.

2009년 8월 진 선 미

칫솔을 ^{삼킨}여자

초판 찍은날 2009년 8월 25일   **초판 펴낸날** 2009년 8월 28일

지은이 롭 마이어스 | **옮긴이** 진선미

펴낸이 변동호
출판실장 옥두석 | **책임편집** 이선미 · 변영신 | **디자인** 김혜영 | **마케팅** 김현중 | **관리** 이정미

펴낸곳 (주)양문 | **주소** (110-260) 서울시 종로구 가회동 172-1 덕양빌딩 2층
전화 02.742-2563~2565 | **팩스** 02.742-2566 | **이메일** ymbook@empal.com
출판등록 1996년 8월 17일(제1-1975호)

ISBN **978-89-94025-00-1** 03400   잘못된 책은 교환해 드립니다.